ちょっとわかればこんなに役に立つ
中学・高校物理のほんとうの使い道

京極一樹
Kazuki Kyogoku

j JIPPI Compact

実業之日本社

はじめに

『中学・高校数学のほんとうの使い道』に続いて、その「物理編」を書く機会を頂戴しました。本書では「物理の楽しさ」をご紹介したいと思います。そして、物理に関する簡単な微積分と角運動保存の法則も解説します。

日本の高校の物理を難しくしている1つのポイントは、「微積分を避けていること」ではないかと思います。位置・速度・加速度の関係や力とポテンシャルの関係だけでも微積分を導入した方が物理がわかりやすくなります。ニュートンもそのために微積分を考え出しました。

角運動量保存の法則は、中学・高校の理科が「身近なもの」にアプローチするなら避けられないものです。これが、2012年から導入される新学習指導要領から再び登場します。これでやっと、自転車がなかなか倒れない理由やフィギュアスケートで腕を上にかかげるとスピンが早くなる理由が理解できます。

物理は、数学とは事情が少し違い、ある程度社会に直結して役に立つ学問だと思います。しかし「難しい」という点は共通しているでしょう。そしてその原因は、応用例の数が多すぎて高校数学と同様に詰め込みのきらいがあることと、高校理科のカリキュラムの複雑さ、整理不足にあると思います。

過去50年間の度重なる学習指導要領の改訂で、物理学本来の理路整然とした体系が跡形もなく崩壊してしまいました。この間には「ゆとり教育の挫折」と「週5日制の導入」がありました。そのため、分量の削減や再構成にある程度の時間が必要であったことは勘案しなければなりませんが、体系の破壊は目にあまります。しかし2012年から導入される新学習指導要領でやっとその本来の姿が復活しそうです。学習指導要領の変遷の解説は本書の主目的ではないので、これは各章末のコラムで語ります。「物理Ⅰ」「物理Ⅱ」や「物理ⅠA」「物理ⅠB」「物理Ⅱ」あるいは「理科基礎」「理科総合B」「理科総合A」などが次々と登場し、最後は2012年から「基礎物理」「物理」「科学と人間生活のかかわり」に落ち着きます。このあたりは、お子様をお持ちの方には興味ある内容だと思います。

読者の方々の物理のご理解の一助となれば幸甚です。

2011年7月　著者

目次

はじめに 2

第1章 力学はどう使う?

1 ニュートンの法則は何の役に立つのか 12
2 運動方程式はどう使うのか 18
3 慣性の法則はどう使うのか 22
4 ニュートン力学以外の力学とは 28
5 力はどのように分解・合成するのか 32
6 横転したジープは起こせるか 38
7 放物運動はどう使うのか 42

8 国際宇宙ステーションの周回速度を求める 48

9 スペースコロニーで重力を生み出す方法 52

[コラム] 理科基礎や理科総合A・Bとはどんな学科か 56

第2章 運動量とエネルギーはどう使う？

1 エネルギーとはどんなものか 58

2 エネルギーの保存則は運動方程式の積分 62

3 エネルギーにはどんな種類があるのか 66

4 なぜジェットコースターは落ちないのか 70

5 万有引力のポテンシャルはどう利用するのか 74

6 静止エネルギーの大きさはどれくらいか 78

7 運動量保存の法則はどう使う 80

[8] ロケットはどうやって飛ぶのか　88

[コラム]　物理Ⅰ・Ⅱと理科基礎や理科総合A・Bの関係　92

第3章　高校物理に復活する角運動量はどう使う?

1　2012年から高校物理に復活する角運動量　94

2　慣性モーメントの求め方　100

3　角運動量保存の法則はどう使う　102

4　「はやぶさ」の姿勢制御　108

5　突然太陽が消えたら地球の角運動量はどうなるか　112

[コラム]　過去50年の高校理科の変遷　114

第4章　周期運動の物理はどう使う？

1 周期運動とは何か　116
2 振り子の運動は単振動か？　120
3 メトロノームのしくみ　124
4 リサージュ図形は周期運動の組み合わせ　128
5 重力列車はどこをつないでも42分　132
[コラム] ゆとり教育と週5日制の導入の結果　136

第5章　惑星運動の物理はどう使う？

1 ケプラーの法則とニュートン力学の関係　138
2 惑星・衛星・彗星の軌道はどう違う　146

3 太陽系惑星や銀河系の星々はどのように周回しているか 148
4 ラグランジュ点とは何か 150
5 ラグランジュ点はどこにあるのか 154
6 ラグランジュ点には何があるか 158
［コラム］ 中学物理と高校の物理I・IIの比較 160

第6章 波の物理はどう使う？

1 波の種類と音速・光速と波長の関係 162
2 波の3要素・音の3要素とエネルギーの関係 166
3 音波と音速の考え方 170
4 地震波は縦波・横波・表面波の組み合わせ 176
5 津波の速さは水深の平方根に比例する 182

6 音と光のドップラー効果 188

[コラム] 物理Ⅰ・Ⅱと物理基礎・物理の比較 192

第7章 電磁気の物理はどう使う?

1 電流と磁場は表裏一体 194
2 電動機(モーター)はどうして回る 200
3 リニアモーターカーのしくみ 206
4 直流・交流の発電機のしくみ 208

カバー写真／ゲッティ イメージズ
装幀／杉本欣右

第1章

力学は
どう使う？

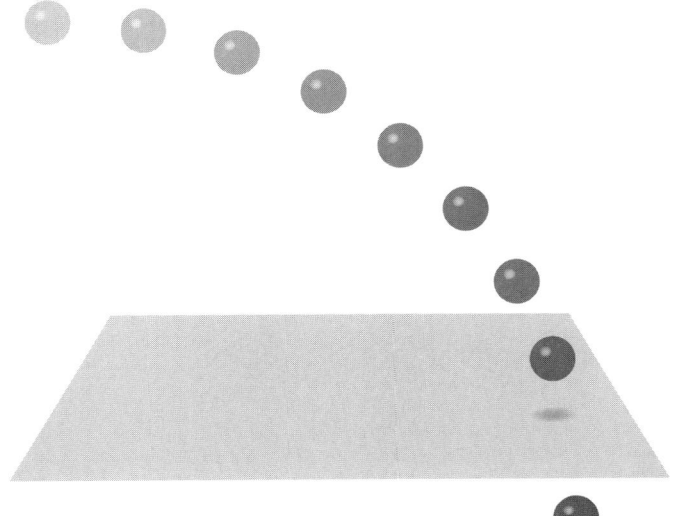

1 ニュートンの法則は何の役に立つのか

● ニュートン力学はニュートンの法則の上に構築されている

「ニュートンの法則」は別名「運動の法則」とも呼ばれ、次の3つの法則で構成されています。これが、われわれの身の回りを構成する力学の基本原理です。最初から少し硬い話になりますが、この法則の本質が第1章のターゲットです。

○ 運動の第1法則（慣性の法則）

静止している質点は、力を加えられない限り静止を続け、運動している質点は、力を加えられない限り、等速直線運動を続ける。

○ 運動の第2法則（運動方程式）

力を受けている物体は、その力の向きに加速度を生じる。その加速度の大きさは受けた力に比例し、質量に反比例する。

○ 運動の第3法則（作用・反作用の法則）

2つの質点が力を及ぼし合っている場合、一方が受ける力と他方が受ける力は向き

が反対で大きさが等しい。

これがわれわれが生活する空間を支配する力学の基盤です。この力学は、他のさまざまな力学と区別するために、「ニュートン力学」とも呼ばれます。現在の物理学を大きく分けると、ニュートン力学、電磁気学、熱力学、相対性理論、量子力学になります。最初の3つが古典的な物理学であり、後ろの2つが新しい物理学です。

簡単にいうと、中学・高校から大学の工学部であつかう

■ ニュートンの法則

運動の第1法則・第2法則を単純に図解すると、右図のようになります。第1法則の「慣性の法則」の図としては通常、中段に示す図が利用されます。

中段の図は、単なる慣性の法則を説明する図ではなく、「2つの慣性系の間の関係」を示す図です。等速運動する慣性系Bでは単純な落下運動が、慣性系Aから見ると、慣性系Bの慣性系Aに対する等速運動が合成されて、放物運動になります。

第2法則の「運動方程式」では、加速度は力に比例し質量に反比例するので、加速度aを$a=F/m$で定義します。すると、「$F=ma$」という運動方程式が得られます。

第3法則を図示すると右最下段の図になります。

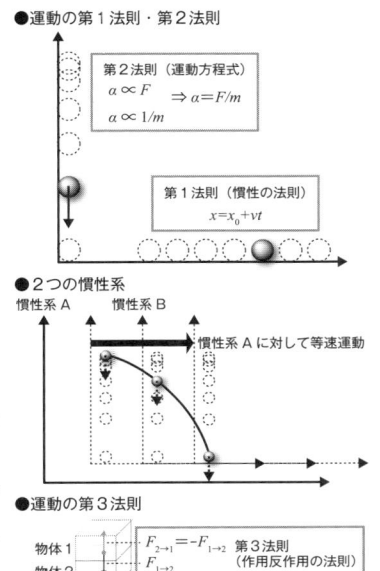

物理学はほとんどこのニュートン力学の範囲であり、これら以外の力学をあつかうのは主に理学部です。工学部の主な学科をあげてみると、機械工学、電気工学、電子工学、宇宙航空工学、制御工学、システム工学、情報工学、都市工学、建築学となりますが、電子工学などいくつかの例外を除き、ほとんどがニュートン力学の範囲内だけです。

●ニュートンの法則の原点‥質点とは何か

ニュートンの法則の使い方を述べる前に、これらの法則の表現に使われている「質点」を解説しておきます。これは、力学における非常に便利な概念であり、質量だけがあって大きさなどがない「点」を意味します。これは「物

■ 質点の意味

まず、球を大きさの異なる球殻の集合と考えます。それぞれの球殻から受ける力はその質量を中心に集中させた場合と等価なので、球から受ける力は中心の質点から受ける力と考えることができます。

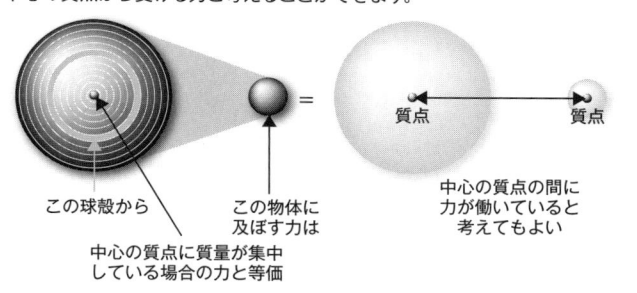

この球殻から　この物体に及ぼす力は
中心の質点に質量が集中している場合の力と等価

中心の質点の間に力が働いていると考えてもよい

体を代表する点」です。

ニュートン力学の最大の特長は、「物体の運動を質点であつかうことができる」ということです（質点系や剛体の力学は「質点」の集まりとして考えます。P95参照）。

たとえば球対称な質量分布を持つ物体から受ける万有引力は、その中心に位置し全質量を持つ質点としてあつかうことができます（右頁下段図参照）。これで面倒な積分計算が不要になります。

● 慣性系と慣性力

「慣性の法則」は、これら3つの法則の中で唯一中学物理から登場するのですが、中学物理では、「慣性」は「物体が慣性の法則を満たす

■ 慣性系と慣性力の意味

慣性系 A に対して等速運動（静止も含む）を行う「慣性系」では振り子は垂直ですが、等加速度運動を行う座標系（非慣性系）では振り子には重力の他に慣性力が働き、振り子は傾きます。

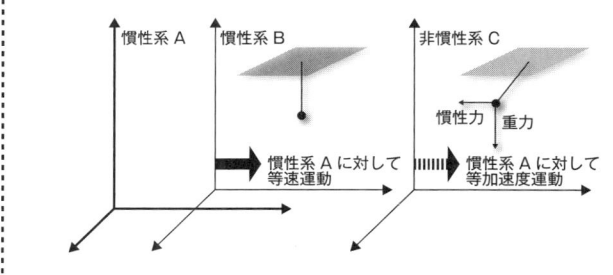

性質」という解説で終わります。慣性力はその現象だけをあつかいます。しかし遠心力はまだ登場しません。物理Ⅰでも「慣性力」「遠心力」の名前は登場しません。

慣性力・遠心力は物理Ⅱでやっと登場します。慣性の法則にしたがって運動する座標系(慣性系)に対して一定の加速度で運動する座標系(非慣性系)においては、その加速度によって「見かけの力」が生じ、これがその座標系の慣性力です(前頁下段図参照)。

ところで、「慣性系」という用語が高校物理でも登場しないのはどうしてなのでしょうか。まあ、慣性力が登場する以上、実質的には登場したも同様でしょう。そしてこの慣性系は、力学の発展に大きな役割を果たします(P24参照)。

●運動方程式の意味

ニュートンの法則において、加速度が一定の場合に限った数式を左頁下段に示します。運動方程式は力と質量と加速度とで表されます。これは、すべての運動が位置と速度と加速度で記述されるということです。

速度は初速に加速度を積み上げたもの、位置は初期位置に速度を積み上げたもので

あって、加速度が速度を飛び越して位置に影響を与えることはありません。これがわかりやすい力学体系ができあがった原因です。この関係は、次節で再度解説します。

●力のつり合いに必須の作用・反作用の法則

さて、「慣性の法則」(第1法則)は中学物理で教えるのですが、「作用・反作用の法則」の名前が出てこないのはどうしてでしょうか。この法則は運動する質点の力学(動力学)だけではなく、静止した質点の力学(静力学)でも使える便利な法則であり、「押す力があれば押される力がある」「引く力があれば引かれる力がある」という法則の「名前」は中学から知っておいた方が便利なのではないでしょうか。

■ ニュートンの法則の数式表示

加速度が時間によって変わらない場合に限って、ニュートンの法則を数式で表すと右のようになります。そうすると、第1法則はまるで第2法則の一部のようにも見えます。しかし第1法則は、それ以上に重要な意味を持ちます。

右に示した、位置と速度の求め方は、P.19で解説します。

●運動の第1法則(慣性の法則)
$$\begin{cases} v_0 = 0 \Rightarrow x_0 = 0 \\ v_0 \neq 0 \Rightarrow x = x_0 + v_0 t \end{cases} \Rightarrow \begin{cases} x = x_0 + v_0 t \\ (\alpha = 0) \end{cases}$$

●運動の第2法則(運動方程式)
$$F = m\alpha, \ \alpha = \frac{F}{m} \left[\begin{array}{l} \text{加速度}\alpha\text{が一定の場合:} \\ v = v_0 + \alpha t, \ x = x_0 + v_0 t + \frac{1}{2}\alpha t^2 \end{array} \right]$$

●運動の第3法則(作用反作用の法則)
$$F_{2 \to 1} = -F_{1 \to 2}$$

2 運動方程式はどう使うのか

●運動方程式は2階の微分方程式

高校物理では、下のような図で加速度、速度、位置の関係を説明します。微積分で使われる図とまったく同じ図です。位置の変化の割合が速度であり、速度の変化の割合が加速度ということです。

勘のいい高校生諸君にはもうおわかりでしょうが、加速度は速度の微分係数、速度は位置の微分係数です。つまり加速度は位置の2階微分の微分係数です。また速度の積み重ね(積分)が位置を表し、加速度の積み重ね(積分)が速度になります。

■ 位置・速度・加速度の関係
高校物理でよく使われる解説図です。

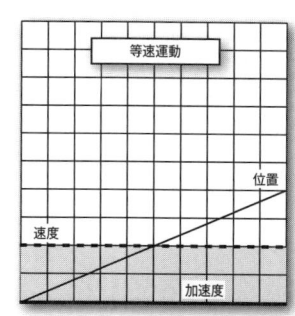
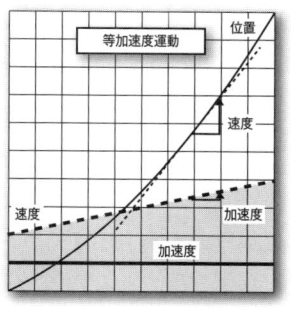

■ 等速運動と等加速度運動の微積分における関係

中段の「等速運動と等加速度運動の表」は、高校の物理で一生懸命暗記させられた御記憶があると思います。しかしこれらは、実は破線で結ばれた関係の間にある「2階微分は定数」というもっとも簡単な2階の微分方程式の解です。

そしてこの微分方程式は、1回積分すると時間について一次関数の速度が求められ、2回積分すると時間について二次関数で表される位置が求められます。だからこそ、等加速度運動の位置が二次関数で表されるのです。

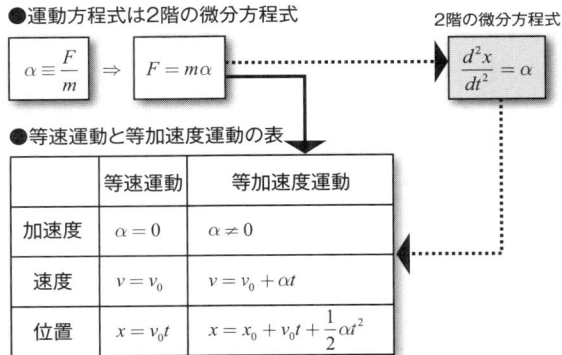

●運動方程式は2階の微分方程式

$\alpha \equiv \dfrac{F}{m} \Rightarrow F = m\alpha$ ....▶ 2階の微分方程式 $\dfrac{d^2 x}{dt^2} = \alpha$

●等速運動と等加速度運動の表

	等速運動	等加速度運動
加速度	$\alpha = 0$	$\alpha \neq 0$
速度	$v = v_0$	$v = v_0 + \alpha t$
位置	$x = v_0 t$	$x = x_0 + v_0 t + \dfrac{1}{2}\alpha t^2$

●位置・速度・加速度の一般的な関係

$$x' = \dfrac{d}{dt}x(t) = v(t) \quad \Leftrightarrow \quad x(t) = x_0 + \int_0^t v(t)dt$$

$$v' = \dfrac{d}{dt}v(t) = \alpha(t) \quad \Leftrightarrow \quad v(t) = v_0 + \int_0^t \alpha(t)dt$$

$$x'' = \dfrac{d^2}{dt^2}x(t) = \dfrac{d}{dt}v(t) = \alpha(t) \quad \Leftrightarrow \quad x = x_0 + v_0 \int_0^t dt + \int_0^t \int_0^t \alpha(t)dt dt$$

[検証] $v = v_0 + \int_0^t \alpha dx = v_0 + \alpha \int_0^t dx = v_0 + \alpha\left[x\right]_0^t = v_0 + \alpha t$

$x = x_0 + \int_0^t v dx = x_0 + \int_0^t (v_0 + \alpha t)dx = x_0 + v_0 \int_0^t dx + \alpha \int_0^t t dx$

$= x_0 + v_0 \left[x\right]_0^t + \alpha \left[\dfrac{1}{2}x^2\right]_0^t = x_0 + v_0 t + \dfrac{1}{2}\alpha t^2$

運動方程式は、前頁の図に示すように、「位置の2階微分＝加速度が定数である」という形になっています。これは「もっとも簡単な2階の微分方程式」にほかなりません。「n階の微分方程式」とは、n階以下の微分係数で構成される方程式であり、一般的には、最大n回の積分操作で元の関数を求めることができます。「微分方程式」という概念まではいかなくても、たとえば三角関数の代わりに微積分の初歩が数Ⅰに組み込まれれば、物理Ⅰで微積分がかなり使えるのですが…。

● 運動方程式の解は時間の二次関数

運動方程式が、右辺が定数の2階の微分方程式である場合、両辺を1回積分すると左辺は位置の時間に関する1階微分、つまり速度になり、右辺は時間に関する1次関数になります。両辺を2回積分すると左辺は位置、右辺は時間に関する2次関数になり、元の「位置を表す関数」が得られます。

この過程では、速度や位置の初期値が必要になりますが、逆にいうと、等加速度運動の位置は加速度の大きさと位置や速度の初期値があれば、その先の時間的な発展に

20

相当する運動が確定します。

● 解が時間の二次関数にならない運動方程式

今まで述べた内容は直線運動ですが、自由落下、斜面の落下運動などの1次元の運動の場合はほとんどこのような形で解が得られます。しかしバネの運動などの場合は、「位置の2階微分が位置×負の定数」の場合であり、これを満たす関数は2次関数ではなく三角関数であり、これが単振動を表します。

万有引力の場合も加速度は一定なのですが、これは平面運動になり、これが楕円・双曲線・放物線を表すことを示すには相当な苦労が伴います。ここでは解だけを下図に示し、P141で導出過程を解説します。

■ **いろいろな運動方程式とその解**

● バネなど単振動の運動方程式

$$F = -kx = m\frac{d^2x}{dt^2} \Rightarrow \boxed{\frac{d^2x}{dt^2} = -\frac{k}{m}x \Rightarrow x = A\sin(\omega t + \alpha) \quad \left(\omega = \sqrt{\frac{k}{m}}\right)}$$

● 惑星運動の運動方程式

$$F = \boxed{-G\frac{Mm}{r^2} = m\frac{d^2}{dt^2}r} \Rightarrow \begin{cases} \dfrac{d^2r}{dt^2} - r\left(\dfrac{d\theta}{dt}\right)^2 = -G\dfrac{Mm}{r^2} \\ \dfrac{1}{r}\dfrac{d}{dt}\left(r^2\dfrac{d\theta}{dt}\right) = 0 \end{cases} \boxed{\Rightarrow r = \frac{l}{1+e\cos\theta}}$$

3 慣性の法則はどう使うのか

●慣性の法則の意味

P17の下段に示した数式を見ると、まるで第1法則は第2法則の一部のようにも見えますが、実はそうではありません。慣性の法則には「慣性系」という名前は出てきませんが、この法則は「慣性系」というものを特別あつかいすることを表しています。「慣性系でなければこうはならない」「力を加えられた系は慣性系ではない」ということを表しています。拡張解釈すれば、「物理の法則は慣性系を意識せよ」さらには「物理法則はすべての慣性系に共通する」ということを示唆しています。

●慣性力の例

左頁に慣性力の例を示します。「力を加えられた系は慣性系ではない」「力を加えられた系には慣性力が働く」という例です。上の2つは加速・減速しているために生ずる慣性力であり、中央の例は自由落下で機内の物体には重力と同じ大きさの慣性力が

■ 慣性力の例

●電車の場合

電車が加速する際は車内の物体には後ろ向きの慣性力が、減速する際には前向きの慣性力が働きます。

●エレベーターの場合

エレベーターの降下が始まる際は内部の物体には上向きの力が働き、浮き上がるように感じます。上昇を始める際には下向きの力が働き、床面に押しつけられるように感じます。

●無重力実験飛行機の場合

航空機が水平飛行でエンジンを止めると、放物線を描いて自由落下が始まります。この場合は、重力とほぼ同じ大きさの慣性力が働き、内部はほぼ無重力状態になります。正確には空気抵抗によって、無重力ではなく微少重力状態です。

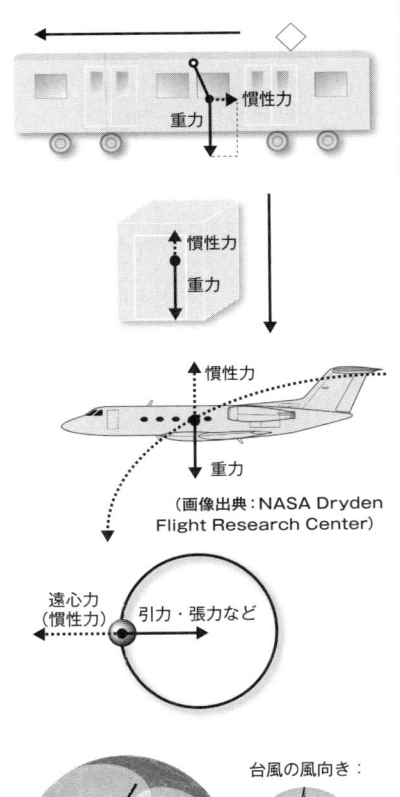

(画像出典：NASA Dryden Flight Research Center)

●回転運動の場合

回転運動の場合には、回転する力が働くので回転する物体の座標系は慣性系ではなく、外向きの遠心力（慣性力）が働きます。これを抑えているのは、内向きの重力や物体につながれているひもの張力などです。

●コリオリの力の場合

赤道から北極に向けて風が吹くと、地球が自転しているので、緯度によって自転速度が異なることから生ずるみかけの力によって、風に固定した座標系から見ると、緯度に平行な「右向きの力」が働いているように感じます。これも慣性力です。

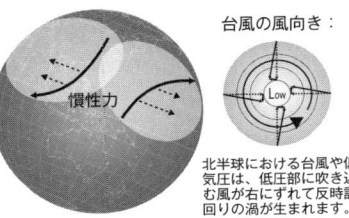

台風の風向き：

北半球における台風や低気圧は、低圧部に吹き込む風が右にずれて反時計回りの渦が生まれます。

23 第1章 力学はどう使う？

働きます。

下の2つは回転する座標系における慣性力ですが、遠心力はまだわかりやすいでしょうが、コリオリの力は少し難しいかもしれません。この力は高校物理では述べられず、高校地学で簡単に解説されます。

● 慣性系の果たした役割

この慣性系という概念は、ニュートン力学では慣性力を説明するのには必要ですが、この概念は、アインシュタインの特殊相対性理論の確立で花開きました。特殊相対性理論は、驚くべきことに、次の「たった2つの原理」から導かれたものです。

○ どんな慣性系でも物理法則は同じ（相対性原理）
○ 光の速度は光源の速度によらない（光速度不変の原理）

「特殊相対性理論」は、ニュートンが確立した慣性系の概念に「光速度不変」の原理だけを加えてアインシュタインが作り上げた理論です。高校物理の枠は少し超えるのですが、一般相対性理論とは異なり特殊相対性理論は、ある程度までは、特に難しい数学は必要としないので、簡単に紹介しておきます。

24

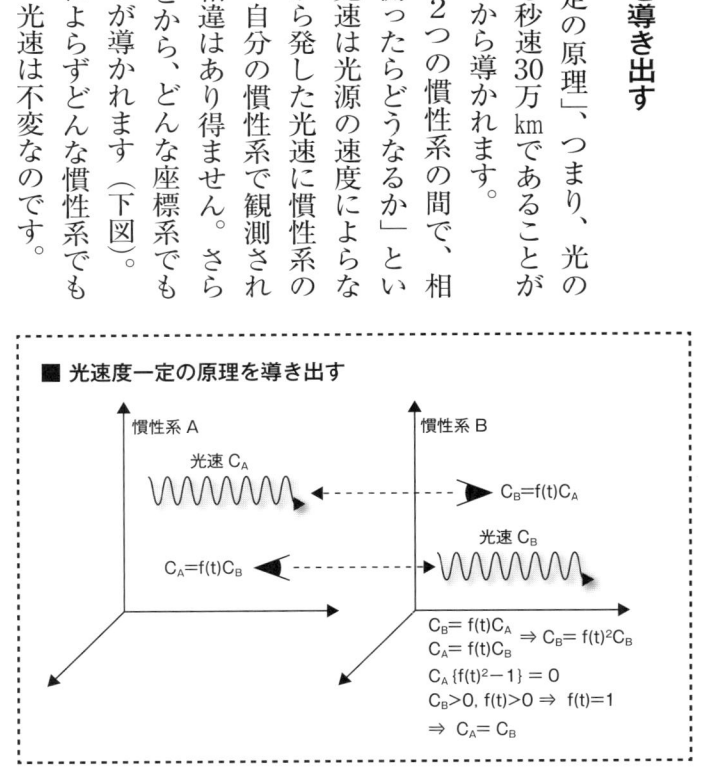

●光速度一定の原理を導き出す

まずは「光速度一定の原理」、つまり、光の速度はどの慣性系でも秒速30万kmであることがこれら2つの原理だけから導かれます。

考え方は簡単で、「2つの慣性系の間で、相手の慣性系の光速を測ったらどうなるか」ということを考えます。光速は光源の速度によらないので、他の慣性系から発した光速に慣性系の移動速度は登場せず、自分の慣性系で観測される速度の定数倍しか相違はあり得ません。さらに光速が正であることから、どんな座標系でも光速は一定であることが導かれます（下図）。

光速が光源の速度によらずどんな慣性系でも物理法則が共通なら、光速は不変なのです。

■ 光速度一定の原理を導き出す

慣性系 A

光速 C_A

$C_A = f(t)C_B$

慣性系 B

$C_B = f(t)C_A$

光速 C_B

$C_B = f(t)C_A$
$C_A = f(t)C_B$ $\Rightarrow$ $C_B = f(t)^2 C_B$
$C_B \{f(t)^2 - 1\} = 0$
$C_B > 0, f(t) > 0 \Rightarrow f(t) = 1$
$\Rightarrow C_A = C_B$

●慣性系相互の座標変換の法則を導き出す

ニュートン力学における座標変換は、慣性系の速度を単純に含む「ガリレイ変換」です。これに対して、2つの座標系A、Bそれぞれで時間の進み方が異なることを仮定し、原点から発した光がそれぞれ t_A、t_Bの時間が経過して x_A、x_Bに到達することを利用して方程式を解くと、新しい座標変換「ローレンツ変換」が得られます（左頁上段の計算参照、簡単にするため位置や速度はx軸だけに限定）。ローレンツ変換において「質点の速度が光速に比べて十分遅い」場合はガリレイ変換に近づきます。

ローレンツ変換だけで、特殊相対性理論のかなりの部分が理解できます。この変換式には「ローレンツ因子γ」が含まれ、これが物体・質量・時間の伸び縮みを表します。γは1より大きく、慣性系の速度vが光速に近づくとどんどん大きくなります。

ローレンツ変換を適用することによって、超高速で飛行する物体の長さ（$\Delta l'$）は静止系から見ると（Δl）、$1/\gamma$倍に縮んで見えることがわかります。同様に、物体の質量（m_r）は静止質量（m_0）のγ倍になり、超高速で飛行する物体の上の時間（$\Delta t'$）は静止系の上の時間（Δt）よりγ倍ゆっくりと流れます。

■ ガリレイ変換からローレンツ変換へ

ニュートン力学における座標変換は、慣性系の速度 v を単純に含む「$t'=t$、$x'=x-vt$」という「ガリレイ変換」ですが、特殊相対性理論では「ローレンツ因子 γ」を含む「ローレンツ変換」を利用します。

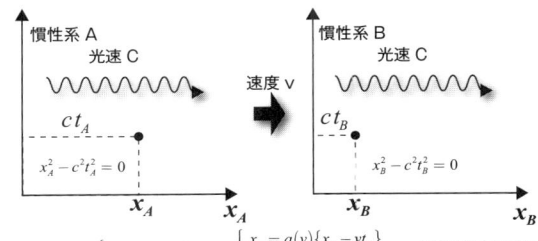

ガリレイ変換 $\begin{cases} x_B = x_A - vt_A \\ t_A = t_B \end{cases}$ ⇒ $\begin{cases} x_B = a(v)\{x_A - vt_A\} \\ ct_A = b(v)x_B + c(v) \cdot vt_B \\ x_A^2 - c^2t_A^2 = x_B^2 - c^2t_B^2 \end{cases}$

（これがニュートン力学における座標変換）

慣性系がすべて平等と考えた場合の座標変換はどうなるか（一次式と仮定）

$$x_A^2 - c^2t_A^2 = x_B^2 - c^2t_B^2 = [a\{x_A - vt_A\}]^2 - [bx_B + c \cdot vt_B]^2$$

$\begin{cases} a^2 - b^2 - 1 = 0 \\ a^2\beta^2 - c^2 + 1 = 0 \\ 2a^2\beta + 2bc = 0 \quad (bc<0) \end{cases}$ ⇒ $\begin{cases} a = \pm c = \pm \dfrac{1}{\sqrt{1-\beta^2}} \\ b = \pm \dfrac{\beta}{\sqrt{1-\beta^2}} \end{cases}$

ローレンツ因子: $\gamma = \dfrac{1}{\sqrt{1-\beta^2}} = \dfrac{1}{\sqrt{1-\left(\dfrac{v}{c}\right)^2}}$

この計算結果を整理すると左下の式になり、これがローレンツ変換の公式です。これらは、動く速度が十分小さい場合にはニュートン力学における座標変換や長さ、時間、質量に一致します。

●ローレンツ変換の公式

$\begin{cases} t' = \dfrac{1}{\sqrt{1-\left(\dfrac{v}{c}\right)^2}}\left(t - \dfrac{v}{c^2}x\right) \xrightarrow{v \ll c} t' = t \\ x' = \dfrac{1}{\sqrt{1-\left(\dfrac{v}{c}\right)^2}}(x - vt) \xrightarrow{v \ll c} x' = x - vt \end{cases}$

x' と t' は、速度 v 移動している慣性系の位置と速度を表す

●高速で移動する物体の長さが縮む

$\Delta l = \sqrt{1-\left(\dfrac{v}{c}\right)^2}\,\Delta l' \xrightarrow{v \ll c} \Delta l = \Delta l'$

●高速で移動する物体では時間がゆっくり進む

$\Delta t' = \dfrac{\Delta t}{\sqrt{1-\left(\dfrac{v}{c}\right)^2}} \xrightarrow{v \ll c} \Delta t' = \Delta t$

●高速で移動する物体は重くなる

$m_r = \dfrac{m_0}{\sqrt{1-\left(\dfrac{v}{c}\right)^2}} \xrightarrow{v \ll c} m_r = m_0$

4 ニュートン力学以外の力学とは

●身の回りの事象に適用できる力学

前節で述べたニュートンの法則は、例外的な事象を除いて、われわれの身の回りの事象を理解し検証するのに使われる「ニュートン力学」の基盤となります。これは「古典力学」と呼ばれることもあります。

●ニュートン力学では記述できない物理学

ニュートン力学の守備範囲を理解するには、守備範囲外の物理学を説明するのがもっとも手っ取り早いでしょう。ニュートン力学では記述できない分野は、次のような分野です。これらは高校の物理の範囲を超えます。

○ミクロサイズの物理‥　　量子力学
○超高速の物体の移動‥　　特殊相対性理論
○重力の影響が大きい物理‥　一般相対性理論

これらの物理学のニュートン力学との境界領域では、それらはニュートン力学の記述と近似的に一致します。言い換えると、境界領域でニュートン力学に一致しない物理学は排除されます。ニュートン力学は、「特殊な力学を必要とする特殊な条件の環境以外に適用できる一般的な力学」です。

下図にニュートン力学とその周辺の特殊な条件下に適用するさまざまな力学をまとめました。

■ ニュートン力学の周辺領域

下図に、ニュートン力学とニュートン力学が適用できない特殊な条件下に適用するさまざまな力学をまとめました。ニュートン力学と電磁気学を合わせると、物理学のだいたいのことは理解することができます。電磁気学の場合も下図に示すような担当範囲の配分がありますが、難しくなるので本書では割愛します。

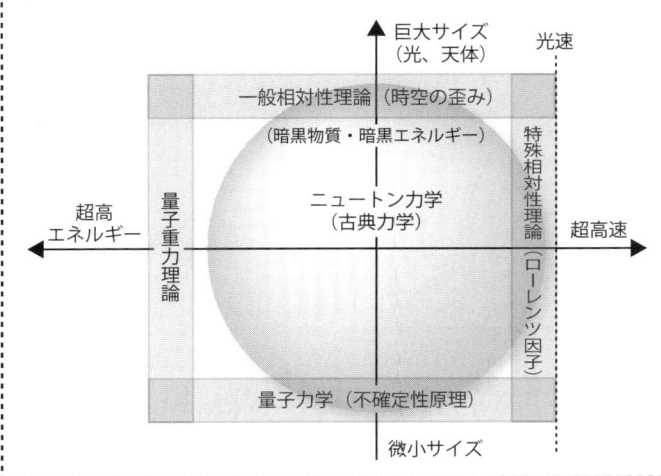

29　第1章　力学はどう使う？

●量子力学とは何か

微少サイズの物理には「量子力学」を適用します。量子力学では、物質の波動を「波動関数」という道具で表して考えます。位置と速度あるいは時間とエネルギーを同時に特定できない「ハイゼンベルグの不確定性原理」がその最大の特長です（下段コラム参照）。

●相対性理論とは何か

超高速の物体の移動には「特殊相対性理論」が必要であり、この理論では「ローレンツ因子」がほとんどの物理量に現れます（P27参照）。

重力の影響が大きい物理には一般相対性理論が必要です。ニュートン力学では、物体間

■ 微小な世界の物理学…量子力学

右図は、量子力学の説明によく使われる「ガモフの思考実験」の図です。完全な真空中で、電子銃からほんのわずかなエネルギーで水平に発射され放物線を描いて落下する電子に光を当てて、電子の位置と運動量を測定することを考えます。

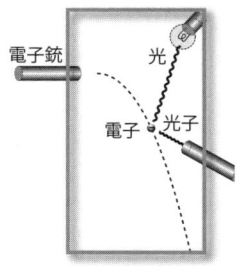

ニュートン力学では電子の位置や運動量を正確に計測できますが、量子力学では、光子が電子に衝突すると、電子は光子の運動量の一部を受け取り軌道が変化します。

光子の運動量を小さくするには光の波長を大きくしますが、波長が大きいと位置の不確定性が大きくなり、位置の不確定性は光の波長の程度となります。つまり、位置と運動量の不確定性の積は一定値より小さくなりません。「位置と運動量の両方の測定値を同時に正確に確定することは不可能」ということになります。

の力を質点・質点系・剛体に働く力として表現しますが、「一般相対性理論」では重力による時空の歪みが力を生み出すと考えます。この理論には数々の難解な数学が必要でした。

● 量子重力理論と暗黒物質・暗黒エネルギー

この他、宇宙創成時の素粒子に働く量子力学と一般相対性理論を融合して「量子重力理論」を構成する試みも続けられています。この分野ではホーキング博士がもっとも有名です。

また宇宙の最大の謎は銀河系の形状を維持する「暗黒物質」と、宇宙の膨張を加速する「暗黒エネルギー」（P29図参照）の存在でしょう。これらは、ニュートン力学にしたがうはずとして存在が仮定されているものです。

■ 重力が強い世界の物理学…一般相対性理論

　一般相対性理論では、重力は時空の歪みによって表されます。図では平面が歪んでいますが、実際は3次元空間が歪んでいて、物体の運動はその歪みによって決定されます。天体を周回する小天体の円軌道、楕円軌道はこの歪みによって生じます。これはニュートン力学にしたがうケプラーの法則にほぼ一致します。また一般相対性理論では、光は直線ではなく重力によって歪んだ最短距離を通ります。これは測地線と呼ばれる曲線を描きます。

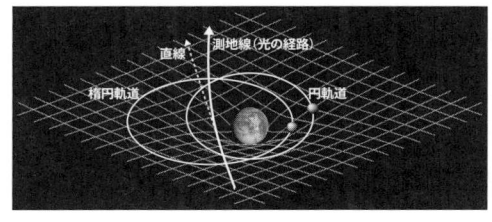

（背景画像提供：Johnstone）

31　第1章　力学はどう使う？

5 力はどのように分解・合成するのか

● まずどの物体にどんな力が働くのかに注目する

前節までで、ニュートンの法則やニュートン力学に関する解説が終わったので、慣性力や反作用力が現れる実例の解説に入ります。力学が嫌い・不得意になる最初のポイントは、次の点についてのトレーニングの不足が原因かもしれません。

○ どの物体に働く力に目を付けるのか
○ 力をどの方向に分解するのか

まず、力は大きく分けて「重心に働く力」と「面に働く力」に分類できます。

○ 重心に働く力‥重力、遠心力、慣性力
○ 面に働く力‥外力、垂直抗力（反作用力）、摩擦力

得られた力は、垂直な2つの方向に分解・合成しますが、その方向をどのように選ぶかがキーポイントです。だいたいは、地面・斜面・進行方向に対して垂直・水平に分解します。そして着目した方向の力が正の場合は運動が始まります。

● 摩擦力と垂直抗力

これは「重心に働く力」と「面に働く力」の両方がある好例です。下図に示すように、斜面上の物体には重力の他に外力や摩擦力、垂直抗力が働きます。垂直抗力は斜面から押される反作用力なので重力の斜面に垂直であり、摩擦力はそれに摩擦係数をかけた力です。

斜面に平行な加速度（最下段右図）の正負次第で運動が開始されます。

■ 垂直抗力と摩擦力

摩擦力は摩擦面に垂直に加わる力に摩擦係数 μ を乗じた力です。斜面の場合には、重力の摩擦面に垂直な成分（mgcosθ）に摩擦係数 μ を乗じた力ですが、垂直抗力は重力の垂直成分の反作用力なので、実質的には垂直抗力に摩擦係数 μ を乗じたものとなります。この摩擦力が、重力の摩擦面に平行な成分（mgsinθ）よりも小さければ降下が始まります。

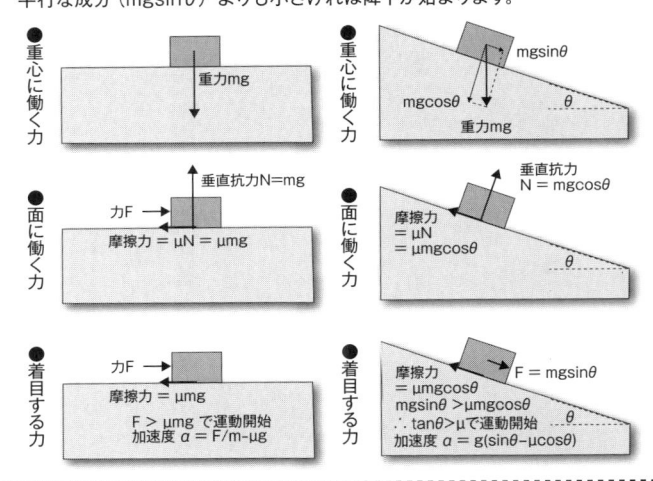

33　第1章　力学はどう使う？

●ヨットが風上に向かって進める理由は？

次のヨットの例は『中学・高校数学のほんとうの使い道』（以降「数学編」）でも取り上げたものですが、「都合のいい力に分解する好例」ですので再度取り上げます（左頁図参照）。

ヨットは風上45度の範囲以外のすべての方向に進むことができます。実はヨットは、横風では、風に逆らって進むことができるのはどうしてでしょうか。

を受ける場合の他、風上に向かって進んでいるときが一番安定して航行できます。

この場合、最初はセイルに注目してその力を描きこみ、次にこれを船体の進行方向とこれに垂直な方向に分解します。船体の進行方向が最終的に欲しい力の方向です。

ヨットのメインセイルは風を受けて、飛行機の翼と同様に揚力（ようりょく）を受けます。揚力の発生のしくみが解析されつくしていないことは意外ですが、とにかく揚力は、空気が流れる経路長が長い方に向けて働きます。

この揚力は、艇の進行方向とこれに直角な方向に分解して考えることができます。

後者は船体から水中に突き出ているセンターボードがほとんど打ち消し、残った進行方向の力が推進力となって、艇は風上へ進みます。

■ どうしてヨットは風上に進めるのか

セイリングでは、セイルの上を「風をうまく流す」ことに注力します。この「風が流れる速さ」が大きいほど大きな「揚力」を受けます。この揚力を、「艇の進行方向」と「それに直角な方向」の直交する2つの力のベクトルに分解します。ヨットはこの推進力によって、下図に示すように、風上40〜45度の範囲以外の方向に進むことができます。アビーム（横風）やラン（追い風）の場合は風が帆を押す力で進みますが、クローズホールド（向かい風）の場合は揚力で進みます。最速は、アビームの場合といわれています。

横流れの力はディンギー（小型ヨット）では「センターボード」（右下図）、大型ヨットでは「キール」と呼ばれる水中に突き出た面積の広い板状の部品で抑えますが、完全には抑えられず、横流れが少し発生します。

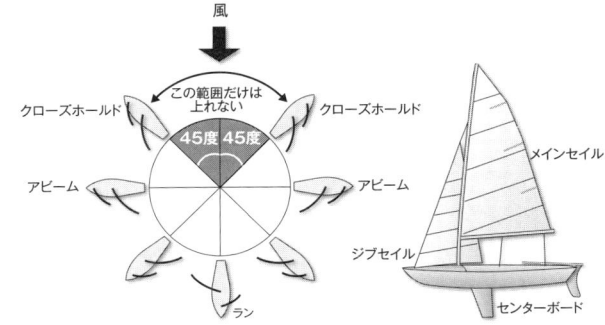

セイルが受ける揚力を、船体の進む方向とそれに垂直な方向に分解すると、ヨットが風上に進めることがわかります。

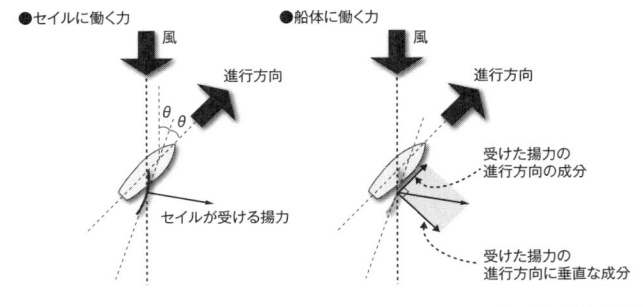

35　第1章　力学はどう使う？

●カーブにおけるバイクのバランス

この例は、市販の解説書に、よく間違った図が描かれているので取り上げました(左頁最上段の図参照)。

遠心力は慣性力です(P16参照)。バイクがカーブを曲がるときは等速運動ではなく、その回転運動によって生じる外向きの遠心力が生じます。姿勢が安定するためには、遠心力と重心に働く重力の合力が接地点を向いていなければなりません。傾きが不足すると合力が接地点より外側を向いてバイクは外側に弾き飛ばされ、傾きが過剰だと合力が接地点より内側を向いてしまって内側に倒れます。

一方、内傾してカーブを回ると、タイヤには外側に滑る力が働きます。これを押しとどめるのがタイヤが地面をとらえる摩擦力(グリップ)です。摩擦力は遠心力と重力の合力の垂直成分が地面にかかる力に対して生じ、合力の水平成分が外側に滑る力なので、これを摩擦力が押しとどめなければタイヤが滑って転倒します。

そして、この摩擦力と地面にかかる力の反作用力である垂直抗力との合力が、遠心力と重力の合力とつり合います。

■ バイクのバランスの間違った図

上段左の図のような図がよく使われますが、このままではバイクが、図に破線で示すように左回りに倒れてしまいます。遠心力と向心力は重心に対して働かなければなりません。

■ 内傾の過不足

右に示すように、重力と遠心力の合力が、内傾が過剰の場合は接地点の内側に向いて内側に倒れ、内傾が不足の場合は接地点の外側に向いて外側に弾き飛ばされます。

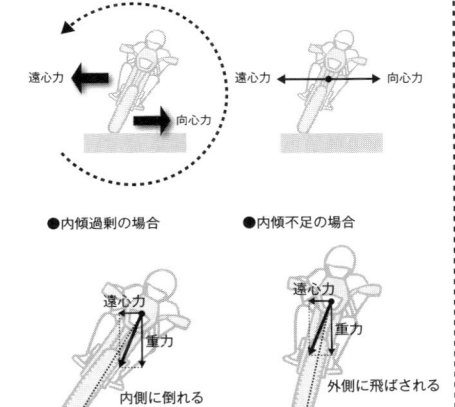

●内傾過剰の場合　　●内傾不足の場合

■ バイクが倒れないバランス

バイクが倒れないためには、遠心力と重力の合力と、タイヤが地面を押す力の反作用力である垂直抗力とタイヤが路面をとらえる摩擦力（グリップ）の合力が、バイクとライダーの重心と接地点を結ぶ直線上になければなりません。

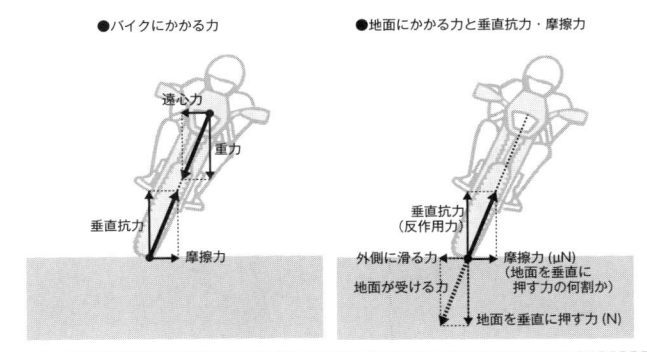

●バイクにかかる力　　●地面にかかる力と垂直抗力・摩擦力

摩擦力 (μN)
（地面を垂直に押す力の何割か）
地面を垂直に押す力 (N)

第1章　力学はどう使う？

6 横転したジープは起こせるか

●ジープは登録商標

本書の主眼の1つは「復活する角運動量」(第3章)であり、第1章では力のモーメントのトピックを1つ解説しておきます。

以前は小型の四輪駆動車をよく「ジープ」と呼んでいました。『ラット・パトロール』という1960年代に放送されたTVシリーズにも主役のようにして登場しました。

ここで取り上げるのは、「横転したジープは何人で起こせるか」という問題です。ジープは軽量で安定性がいい上に、戦場で横転してもすぐに起こせることでも好評でした。

■ **1941年型アメリカン・バンタム MkⅡ**

写真は米国ミシガン州のルモア自動車博物館に残る当時のジープであり、その軽快さがうかがい知れると思います。「ジープ」は当初アメリカンバンタム社が米国陸軍のために開発したもので、現在はクライスラー社の登録商標です。

● ジープを起こすにはテコを利用している

ジープのサイズは、種類によってさまざまなのですが、大まかにいうと幅約1.5m、長さ約3m、ボンネットの高さ約75cmの箱型の車体です。重量は大まかに1トンとしておきましょう。「何キロの力が必要か」を求めればよいので、重力を数式では「mg」で表記しますが、力は「m」(質量)で計算します。

これを起こすということは、下図に示すように、直方体の箱を倒すということに相当します。考えるべきは回転中心の周りの力のモーメントであり、重力ベクトルの重心線に直角な成分に逆らって車体を回転させることになります。

■ 車体を起こす力のモーメント

力のモーメントは、重力の重心線に垂直な成分と、車体を起こすために回転させる力の2つです。

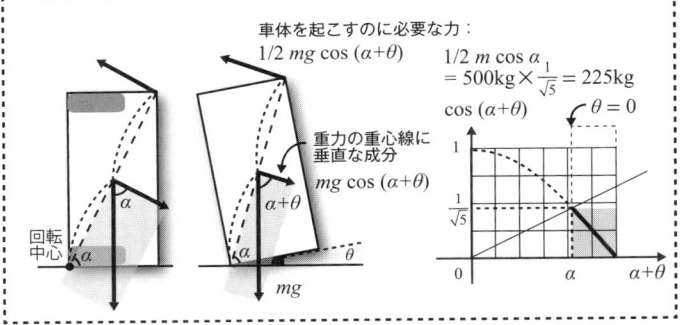

車体を起こすのに必要な力:
$1/2\, mg \cos(\alpha+\theta)$

重力の重心線に垂直な成分
$mg \cos(\alpha+\theta)$

$$\frac{1/2\, m \cos\alpha}{\cos(\alpha+\theta)} = 500\text{kg} \times \frac{1}{\sqrt{5}} = 225\text{kg}$$

$\theta = 0$

回転中心

mg

39　第1章　力学はどう使う？

回転中心と上端を結ぶ直線(重心線と呼ぶことにします)上に重心があるので、ちょうど力が2倍になるテコを利用していることになります。そうすると、車体を起こすのに必要な力は、車重の半分にコサインをかけたものとなります。

ジープが横に平たいため、転倒した状態から1トンのジープを起こすために最初に必要な力は、$1/2\, m \cos α = 225$ kgとなります。これくらいなら、2人では勢いをつければ簡単に起こせてしまいます。戦場では1人でも起こしてしまうでしょう。

● ジープを倒す・動かすことはできるか

ジープを起こせるなら、ジープを倒すこと

■ **車体を倒す力のモーメント**

力のモーメントは重力の重心線に垂直な成分と車体を倒すために回転させる力の2つです。起こす場合とは最初の角度 $α$ が異なります。

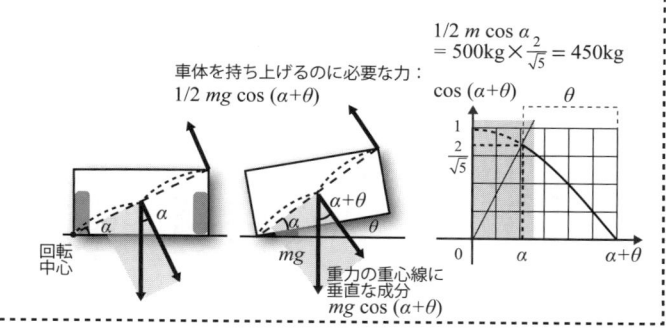

車体を持ち上げるのに必要な力:
$1/2\, mg \cos(α+θ)$

重力の重心線に垂直な成分
$mg \cos(α+θ)$

$1/2\, m \cos α_2 = 500\text{kg} \times \frac{2}{\sqrt{5}} = 450\text{kg}$

回転中心

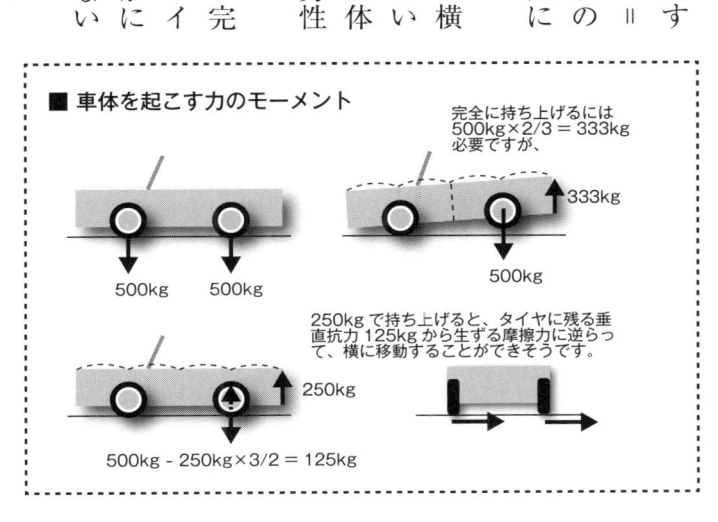

はできるでしょうか。1トンのジープを倒すために最初に必要な力は、$1/2\,m\cos\alpha = 450$ kgとなります。これだけの力を出すのは困難でしょう。この力の計算を右頁下段に示します。

ほぼ同じ重量のシビックの車体の位置を横にずらすくらいのことは1人でもできるといわれています。まず、男性成人の背筋力は体重×2・25倍といわれており、力自慢の男性なら250 kgくらいは出せるでしょう。

ジープの車体の位置をずらすためには、完全に持ち上げる必要はなく、持ち上げてタイヤと地面との摩擦を減らしておいて、わずかに横にずらす、というのが現実的な方法ではないでしょうか（下図）。

■ 車体を起こす力のモーメント

完全に持ち上げるには
500kg×2/3 = 333kg
必要ですが、

333kg

500kg

500kg　500kg

250kgで持ち上げると、タイヤに残る垂直抗力125kgから生ずる摩擦力に逆らって、横に移動することができそうです。

250kg

500kg - 250kg×3/2 = 125kg

7 放物運動はどう使うのか

● 放物運動は等速運動と等加速度運動の組み合わせ

放物線の最初の例としては、これも数学編で取り上げたものではあるのですが、「最大到達距離を実現する打ち上げ角度」は外せない話題でしょう。まずその前に、どんな場合に放物運動が現れるのかを調べてみましょう。

物体を横に投げると、物体には重力が働きます。水平方向は等速運動、垂直方向は重力加速度を受ける等加速度運動となり、これらの組み合わせが放物運動です。

同様に、電子を電場に向けて発射する場合も、電場を生み出す電位差により、電子は電位の高い方に向かって一定の加速度を受けて軌道が曲がります。これも電場方向は等加速度運動となり、水平方向は等速運動となります。初速が小さければ重力を考慮する必要もあります。

左頁下段に示すのは、1897年にJ・J・トムソンが電子を発見した電子線の測定装置の概略ですが、ブラウン管テレビの電子線のしくみもほぼ同様です。

■ 物体を投げた場合の、その軌跡は放物線

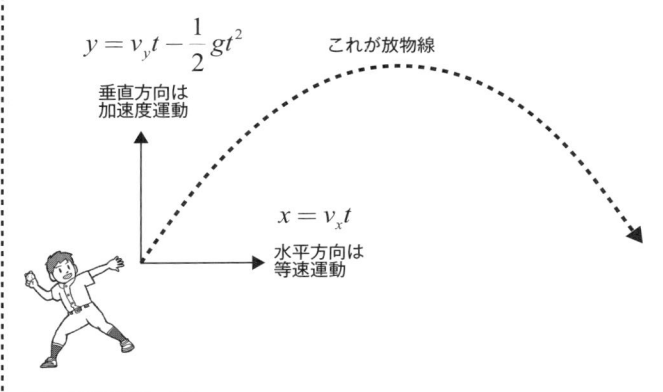

$$y = v_y t - \frac{1}{2} g t^2$$

垂直方向は加速度運動

これが放物線

$$x = v_x t$$

水平方向は等速運動

■ 電子線偏向実験

この場合の加速度は、下に示すように比電荷（電荷 q ／質量 m）と電位差（V）と電極版の距離（d）の組み合わせになります。

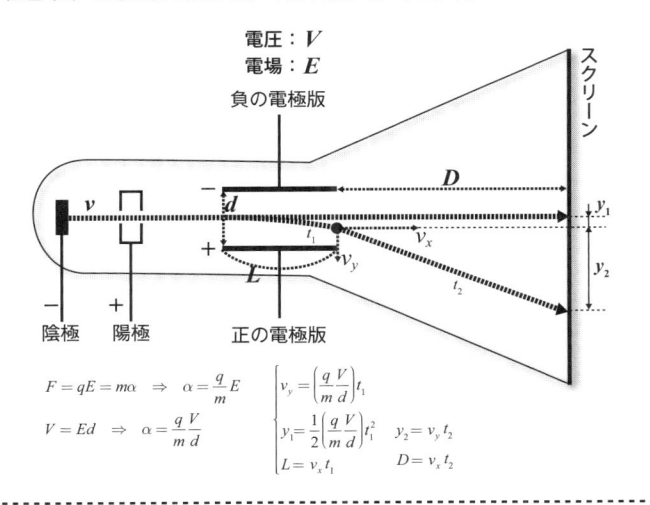

電圧：V
電場：E
負の電極版
スクリーン
陰極　陽極　正の電極版

$F = qE = m\alpha \;\Rightarrow\; \alpha = \dfrac{q}{m} E$

$V = Ed \;\Rightarrow\; \alpha = \dfrac{q}{m}\dfrac{V}{d}$

$\begin{cases} v_y = \left(\dfrac{q}{m}\dfrac{V}{d}\right) t_1 \\ y_1 = \dfrac{1}{2}\left(\dfrac{q}{m}\dfrac{V}{d}\right) t_1^2 \quad y_2 = v_y t_2 \\ L = v_x t_1 \qquad\qquad D = v_x t_2 \end{cases}$

第1章　力学はどう使う？

●等速運動と自由落下運動の組み合わせ

最大到達距離を実現する打ち上げ角度を求めるには、下図に示すような、時間の関数である水平方向の位置（x）と垂直方向の位置（y）から時間（t）を消去して軌跡を求めます。その軌跡は水平方向の位置（x）の2次関数になっています。

求めた軌跡を表す関数を平方完成してその頂点を求めると最高到達点の高さがわかり、水平面との交点を求めると最大到達距離がわかります。いずれも打ち上げ角度（θ）の関数になっているので、この角度を変数とみると最大の高さや距離が求められます。この計算過程を左頁下段に示します。

■ 水平方向：等速運動／垂直方向：等加速度運動

放物線では、水平方向の速度は初速の水平成分のまま変わらないため、x は右上がりの直線、v_x は水平な直線になります。

片や垂直方向の速度は、重力加速度によって一定の大きさで減速し、最終的に着地時には初速と大きさは同じで向きは正反対の速度になります。

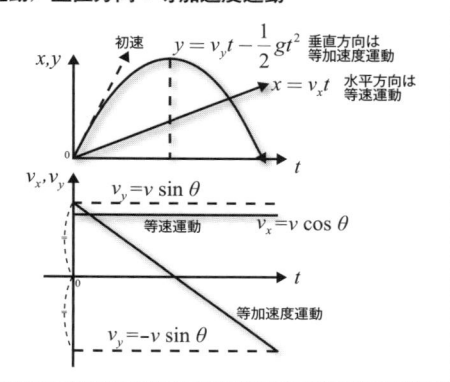

$y = v_y t - \dfrac{1}{2} g t^2$ 垂直方向は等加速度運動

$x = v_x t$ 水平方向は等速運動

$v_y = v \sin \theta$

$v_x = v \cos \theta$ 等速運動

$v_y = -v \sin \theta$ 等加速度運動

●ライフルの弾道誤差

銃の弾速や有効射程はだいたい次のようなものです。いずれも音速を超えているので、着弾してから発射がわかるというのはかなり恐ろしいお話です。

（弾速：秒速m）（有効射程：m）
○拳銃　　　約400　　　約50
○ライフル　約800〜3000（共に）

では、秒速1000mの弾速で1000m先の標的を水平に狙った場合の弾道誤差はどれくらいでしょうか。これは、下段の先頭の式で$v_y=0$、$t=1$の場合であり、約4.9mとなります。実際はこの他に、風速などの調整も必要です。

■ 最高到達点と最大到達距離

$$\begin{cases} y = v_y t - \frac{1}{2}gt^2 \\ x = v_x t \end{cases} \begin{cases} v_x = v\cos\theta \\ v_y = v\sin\theta \end{cases} \begin{cases} v_x^2 + v_y^2 = v^2 \\ \tan\theta = \frac{v_y}{v_x} \end{cases}$$

$t = \dfrac{x}{v_x}$ を代入して時間を消去し、x について平方完成すると、

$$y = v_y t - \frac{1}{2}gt^2 = -\frac{1}{2}g\left(\frac{x}{v_x}\right)^2 + v_y\left(\frac{x}{v_x}\right) = -\frac{g}{2v_x^2}\left\{x - \frac{v_x v_y}{g}\right\}^2 + \frac{v_y^2}{2g}$$

ここで $x = \dfrac{v_x v_y}{g}$ の場合に最高到達点 $y = \dfrac{v_y^2}{2g} = \dfrac{v^2 \sin^2\theta}{2g}$ が実現します。

しかしこの最大値 $\dfrac{v^2}{2g}$ は垂直に投げ上げた場合のものです。次に、

$y = 0$ の場合を考えます。これが地平面に相当します。

$$\frac{g}{2v_x^2}\left\{x - \frac{v_x v_y}{g}\right\}^2 = \frac{v_y^2}{2g} \quad \text{これを解くと、} \quad x = \frac{2v_x v_y}{g} = \frac{2v^2}{g}\sin\theta\cos\theta = \frac{v^2}{g}\sin 2\theta$$

この式から、45度に投げ上げた場合に最大到達距離 $\dfrac{v^2}{g}$ が実現します。

次に、標的までの距離が2000mあるいは3000mというようにn倍になった場合、この弾道誤差はどのようになるでしょうか。

これを計算するには、今度は誤差を考えて斜めに撃った計算から始めます。初速と打ち上げ角度にパラメーターを変換した式を求めておき、打ち上げ角度θが少し変動した場合の弾道誤差の比を考えます。

角度を少し変更した差分の、距離がn倍になった場合の弾道誤差と、もとの弾道誤差の比を計算します。ここで角度θに関する微分係数を比較すると、計算が面倒になるので、物理らしく、主要なオーダーの係数だけを計算します。

xが1000mオーダーなので、x^2の項に

■ 標的までの距離が拡大した場合のライフルの弾道誤差の拡大

前頁の計算で時間を消去した上でv_xやv_yをvやθで表します。

$$y = -\frac{1}{2}g\left(\frac{x}{v_x}\right)^2 + v_y\left(\frac{x}{v_x}\right) = -\frac{gx^2}{2}\frac{1}{v_x^2} + \left(\frac{v_y}{v_x}\right)x = -\frac{gx^2}{2v^2}\frac{1}{\cos^2\theta} + x\tan\theta$$

距離がn倍になった場合の弾道誤差の比を次式で表します。xの値が1000mと非常に大きいので、xの1次の項が無視でき、結果は次のように簡単になります。

$$\frac{y(nx,\Delta\theta)}{y(x,\Delta\theta)} = \frac{\left(-\frac{g(nx)^2}{2v^2}\frac{1}{\cos^2(\theta+\Delta\theta)} + x\tan(\theta+\Delta\theta)\right) - \left(-\frac{g(nx)^2}{2v^2}\frac{1}{\cos^2\theta} + x\tan\theta\right)}{\left(-\frac{gx^2}{2v^2}\frac{1}{\cos^2(\theta+\Delta\theta)} + x\tan(\theta+\Delta\theta)\right) - \left(-\frac{gx^2}{2v^2}\frac{1}{\cos^2\theta} + x\tan\theta\right)}$$

$$\xrightarrow{x \gg 1} \frac{-\frac{g(nx)^2}{2v^2}\left(\frac{1}{\cos^2(\theta+\Delta\theta)} - \frac{1}{\cos^2\theta}\right)}{-\frac{gx^2}{2v^2}\left(\frac{1}{\cos^2(\theta+\Delta\theta)} - \frac{1}{\cos^2\theta}\right)} = n^2$$

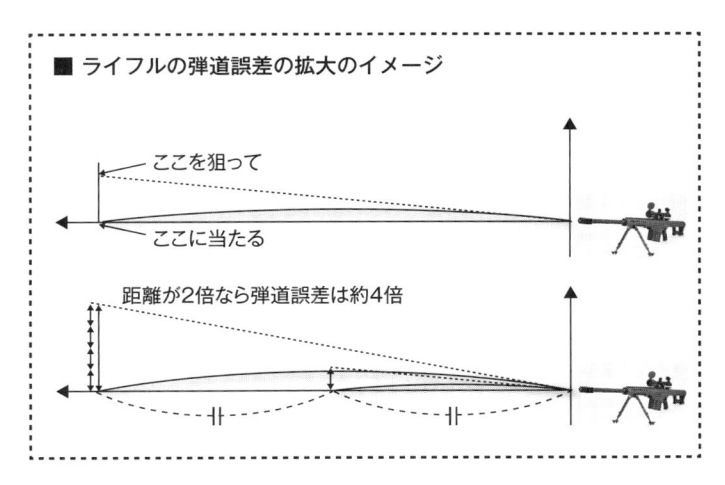

比べるとxの項を無視することができ、角度θに関する項がすべて約分できます。その結果は「n^2」となり、これは水平に撃った場合の誤差と同様です。所要時間に比例して、距離が2倍になると誤差が4倍、距離が3倍になると誤差が9倍になります。

つまり、秒速1000mの弾速で1000m先の標的を狙う場合の弾道誤差は約4.9mでしたが、これが2000m先の標的を狙うと約20m、これが3000m先の標的を狙うと約44mになるということです。

要するに、標的までの距離が大きくなると弾道誤差は所要時間によって拡大し、弾速を上げれば所要時間が少なくなり弾道誤差を小さくできる、ということになります。

■ ライフルの弾道誤差の拡大のイメージ

ここを狙って
ここに当たる

距離が2倍なら弾道誤差は約4倍

8 国際宇宙ステーションの周回速度を求める

●宇宙ステーションや静止衛星の周回速度はどれくらいか

放物運動よりもう少し夢のある計算は、地球を周回するために必要な速度の計算でしょう。この場合は、左頁の図に示すように、「遠心力＝重力」という関係が成立しています（P23参照、簡単にするため、本節では円軌道で考えます）。

宇宙機（人工衛星または宇宙探査機）を打ち上げて、ある軌道まで上げたとします。その際の宇宙機の速度によって、この宇宙機のゆくえが決まります。速度が不十分な場合には、遠心力が不足して地上に落下します。速度が大きすぎる場合には、まず軌道半径が大きくなり、次いで地球の重力を振り切って宇宙に飛び出します。

人工衛星が地球を周回する場合、高度が一定の場合は速度はつねに一定であり、高度が高ければ高いほどその速度は小さくなります。スペースシャトルの速度は、宇宙ステーションの公転速度に追いつくことができれば十分です。

では、地上約400kmの高度を周回する宇宙ステーションの飛行速度はどれくらい

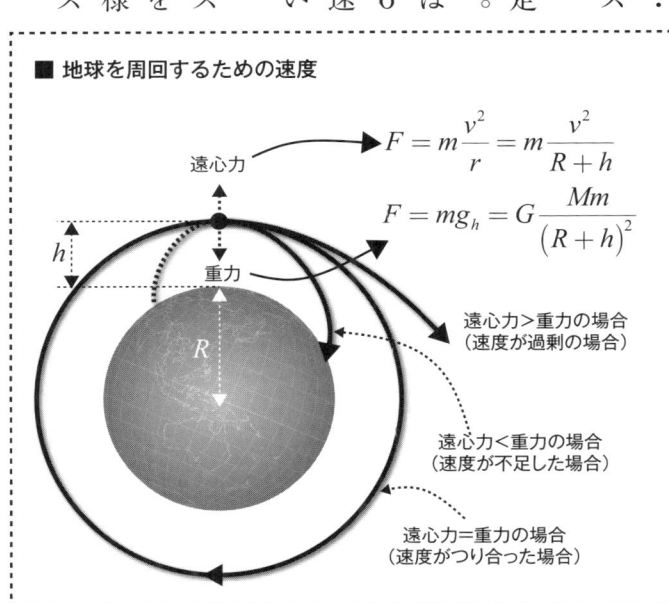

でしょうか。この速度は、「時速2・8万km」（周期は94分）という猛スピードです（P51参照）。

静止衛星とは、地上から見て一定の位置に固定して見える衛星です。

したがって、静止衛星の公転周期は1日です。これは高度3万5786kmで公転することに対応し、その速度は同様に「時速1・1万km」という猛スピードです。

さまざまな高度にある「スペースデブリ」（宇宙ゴミ）の分布状況を次頁の図に示します。これらも同様に、それぞれの高度に対応した猛スピードで地球を周回しています。

■ 地球を周回するための速度

$$F = m\frac{v^2}{r} = m\frac{v^2}{R+h}$$

$$F = mg_h = G\frac{Mm}{(R+h)^2}$$

遠心力
重力
h
R

遠心力>重力の場合
（速度が過剰の場合）

遠心力<重力の場合
（速度が不足した場合）

遠心力=重力の場合
（速度がつり合った場合）

●宇宙速度とは何か

「第1宇宙速度」とは、地球の地表すれすれに地球を周回する速度(秒速約7.9km=時速2万8400km)です。これは左頁の計算では高度0の場合に対応します。

「第2宇宙速度」は、「地球脱出速度」とも呼ばれ、地球の重力を振り切るための速度です。

「第3宇宙速度」とは、太陽の重力を振り切るために必要な地表での速度です。実際は、より低い初速度で長楕円軌道を航行してから太陽系外へ脱出します。

第1宇宙速度は本節の計算で答えが得られますが、これ以外の宇宙速度の計算には「ポテンシャル」の概念が必要になります(P76参照)。

■ 地球の周回軌道上のスペースデブリのイメージ

直径10cm以上のスペースデブリは、下図に示すように地球近傍空間を時速数万kmの超高速で数多く飛行しています。静止軌道で廃棄された衛星は、高度が少し異なる軌道に移動されます。

●低軌道(~1000km)　●高軌道(~36,000km)

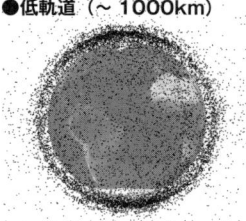

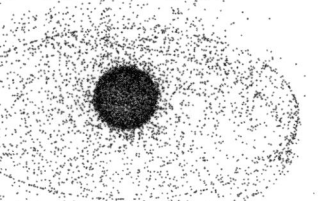

(出典:EarthObservatory/NASA.gov.)

■ 宇宙第1速度の計算

高度 h の場合の遠心力: $m\dfrac{v^2}{r} \Rightarrow m\dfrac{v_h^2}{R+h}$

高度 h の場合の重力: $mg_h = G\dfrac{Mm}{(R+h)^2}$

これらがつり合っているので、遠心力=重力であるから、

$$m\frac{v_h^2}{R+h} = G\frac{Mm}{(R+h)^2} \Rightarrow v_h^2 = \frac{GM}{R+h}$$

GM の計算が面倒なので、地上での重力の関係を使います。

$$mg = G\frac{Mm}{R^2} \quad \text{したがって} \quad GM = gR^2$$

$$\therefore v_h^2 = \frac{GM}{R+h} = \frac{R^2}{R+h}g \quad \boxed{v_h = R\sqrt{\frac{g}{R+h}}}$$

$$\therefore \begin{cases} v_{h=400km} = R\sqrt{\dfrac{g}{R+h}} = 6.4\times10^6 \times \sqrt{\dfrac{9.8}{(6.4+0.4)\times10^6}} = 7.7\,km/s \\ \qquad\qquad\qquad\qquad\qquad\qquad\qquad\qquad\qquad\qquad\quad = 28,000\ km/h \\ v_{h=35,786km} = R\sqrt{\dfrac{g}{R+h}} = 6.4\times10^6 \times \sqrt{\dfrac{9.8}{(6.4+35.8)\times10^6}} = 3.1\,km/s \\ \qquad\qquad\qquad\qquad\qquad\qquad\qquad\qquad\qquad\qquad\quad = 11,000\ km/h \end{cases}$$

■ 軌道上の第1宇宙速度

上の v_h をグラフ化したのが下図です。

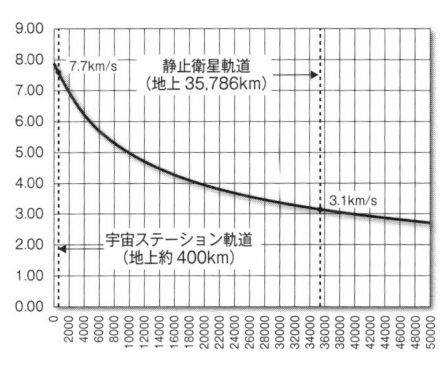

7.7km/s 静止衛星軌道 (地上 35,786km) 3.1km/s 宇宙ステーション軌道 (地上約 400km)

❾ スペースコロニーで重力を生み出す方法

● 遠心力を生み出すには

　まだ反重力発生装置などというものは発明されていないので、重力を生み出すには遠心力を使うしかありません。では、どれくらいの回転周期で宇宙ステーションを回転させたらよいのでしょうか。この目的では、ドーナツ型の宇宙ステーションや、アニメ「ガンダム」に登場するもっと大型のスペースコロニー、テザー（強靭なヒモ）で連結された錘とともに回転させるもっと小型の惑星探査機の原理はすべて同じです。

　遠心力で重力を生み出すには、回転半径に応じた角速度で回転させることが必要です。大きさが決まった場合の周期（秒）や毎分回転数を計算してみましょう。ガンダムのスペースコロニーは直径6kmといわれており、その周期は約110秒、毎分回転数は0.55回となります。

　毎分回転数が1回を超えると、コリオリの力の影響によって人間は不快感をおぼえるといわれていますので、その限界半径を求めると895mとなります。地球は太陽

■ 宇宙ステーションの回転数

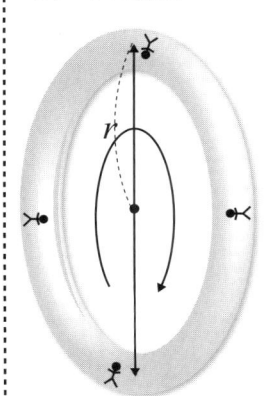

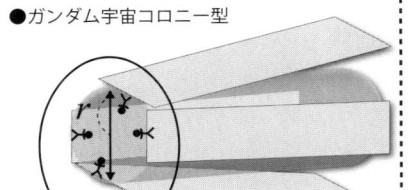

●ドーナツ回転型

●ガンダム宇宙コロニー型

●惑星間航行宇宙船型

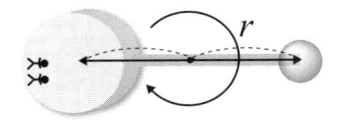

運動方程式 $F = mg = mr\omega^2$ から半径と角速度の関係が得られます。

$$r\omega^2 = g = 9.8 m/s^2$$

これから回転周期(秒)と半径との関係が得られます。

$$T = \frac{2\pi}{\omega} = 2\pi\sqrt{\frac{r}{9.8 m/s^2}}$$

さまざまな半径に対する周期(秒)と毎分回転数 ν_m を計算します。

$r = 9.8m \Rightarrow \quad T = 2\pi = 6.28 s, \quad \nu_m = \frac{60}{T} = 9.6$

$r = 3.0 km \Rightarrow \quad T = 2\pi \times \sqrt{\frac{3000}{9.8}} = 110 s \quad \nu_m = \frac{60}{T} = 0.55$

毎分回転数 ν_m を1回以下に制限すると、最小半径が求められます。

$$\nu_m = \frac{60}{T} = \frac{60\sqrt{9.8}}{2\pi}\frac{1}{\sqrt{r}} < 1 \Rightarrow r > \frac{9.8 \times 60^2}{(2\pi)^2} = 895 m$$

の周りを時速約10・7万km（1・5億km×2π÷365・24÷24）で回転していますが、これは人体には感じられません。しかし地球の自転は1440分にわずか1回にすぎず、これより千倍以上速い回転運動に人体は弱いということです。

● 遠心力でつくった重力は移動すると増減する

重力を遠心力で代用する場合には、いくつかの不都合が生じます。遠心力は回転によって生じているので、この回転にそって移動した場合は、速度が増えて遠心力が増加し重力が増えます。回転に逆らって移動した場合は、速度が減って遠心力が減少し、重力が減ります。車で移動する場合にはダウンフォースが大きく変わるわけです。

左頁では直径6kmのスペースコロニーを考えていますが、内側の地上面は秒速171mで回転しています。この地上面を回転方向に時速50kmで移動すると重力が17％増加し、逆方向に時速50kmで移動すると重力が16％減少します。ちょっと無視できない差異ですね。直径6kmのスペースコロニーの地上面から上空100mでは重力が約3％減少します（回転軸上では無重力）。

また、回転半径が小さくなると重力が小さくなります。

■ スペースコロニー内の移動による重力（遠心力）の変化

角速度と重力の関係を速度と重力の関係に書き換えます。以降、直径6kmの円周上に固定した数値に添字「$_0$」をつけます。

$$F = mg = mr_0\omega_0^2$$
$$r_0\omega_0^2 = \frac{v_0^2}{r_0} = g_0 = 9.8 m/s^2$$

直径6kmのコロニー内面における回転速度を求めておきます。意外と大きな速度です。

$$v_0 = r_0\omega_0 = 3000m \cdot \sqrt{\frac{9.8m/s^2}{3000m}}$$
$$= 171 m/s$$

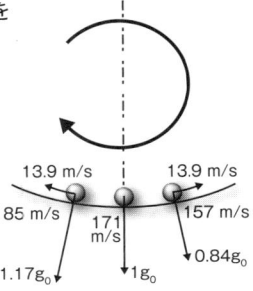

コロニー内面の地上での重力と速度の関係から重力比を求めます。

$$\begin{cases} \dfrac{v_0^2}{r_0} = g_0 \\ \dfrac{v^2}{r_0} = g, \quad v = v_0 \pm \Delta v = v_0 \pm 50km/h = v_0 \pm 13.9 m/s \end{cases}$$

この関係に対して、回転速度が変わった場合の加速度比を求めます。

$$\frac{g}{g_0} = \frac{v^2}{v_0^2} = \frac{(v_0 \pm \Delta v)^2}{v_0^2} = \left(1 \pm \frac{\Delta v}{v_0}\right)^2 = \left(1 \pm \frac{13.9}{171}\right)^2 = \begin{cases} 1.17(+) \\ 0.84(-) \end{cases}$$

回転方向に対して順方向に時速50kmで移動すると重力が17%増、逆方向に時速50kmで移動すると重力が16%減、となります。
次に、縦方向の移動を考えます。高さが100mの地点での重力を求めます。

この関係に対して、半径が変わった場合の加速度比を求めます。

$$\begin{cases} v = r\omega \\ v_0 = r_0\omega \end{cases} \quad \begin{cases} v^2 = rg \\ v_0^2 = r_0 g_0 \end{cases}$$

$$\frac{g}{g_0} = \frac{v^2}{v_0^2}\frac{r_0}{r} = \frac{(r\omega)^2}{(r_0\omega)^2}\frac{r_0}{r} = \frac{r}{r_0} = \frac{2900}{3000} = 0.97$$

高さ100mの地点における重力は、約3%小さくなります。

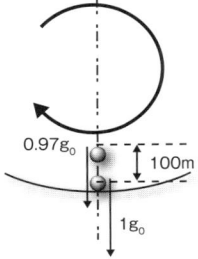

■ 理科基礎や理科総合 A・B とはどんな学科か

これらの学科は、高等学校学習指導要領の改訂によって2003年度の第1学年から学年進行で(「学年ごとに1年ずつ遅れて」の意味)実施が開始された科目であり、2012年度の第1学年から学年進行でなくなります。
- 理科基礎：　物理・化学・生物・地学の基礎を含む科学史
- 理科総合A：エネルギーと物質の成り立ちについて
- 理科総合B：生物を取り巻く環境と生命現象や地球環境について

理科基礎は、ゆとり教育の結果中学から高校に移行した内容をカバーしているといわれています。また、理科総合A、理科総合Bはそれぞれ、中学校理科の第1分野(物理・化学的内容)、第2分野(生物・地学的内容)に対応しています。

これらの科目の寿命は9年でした。年齢でいうなら、高校3年生を18歳として、2011年4月時点で17歳から24歳までの高校生が選択できた科目です。

高校では、理科基礎、理科総合Aまたは理科総合Bのうち1科目を含む2科目を必修することなっています。多くの高等学校・中等教育学校などで履修される「物理Ⅰ・Ⅱ」「化学Ⅰ・Ⅱ」「生物Ⅰ・Ⅱ」「地学Ⅰ・Ⅱ」は、学習指導要領では選択科目です。

もっとわかりやすくこれらの学科の側面を理解するには、下に示す2011年センター試験における受験生の科目選択状況を見るのがよいでしょう(2科目・3科目を選択する場合の人数の重複を除いてあります)。これらは、大学が指定した科目の中から受験生が選択するもので、理科基礎は、選択科目には指定されず、理科総合A・Bを選択できる確率も低いようです。

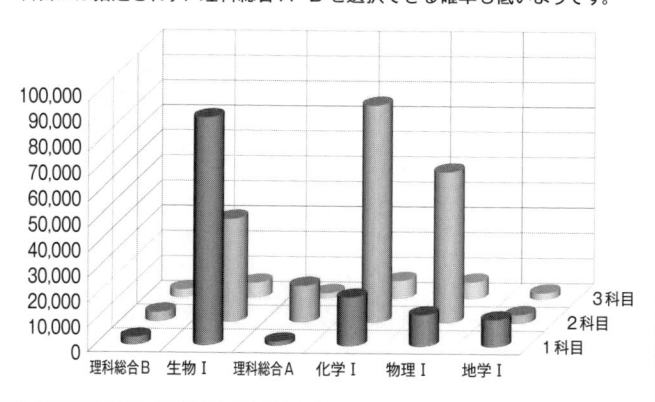

第2章

運動量とエネルギーは
どう使う？

1 エネルギーとはどんなものか

●高校物理におけるエネルギーの定義

高校の物理では、「エネルギー」は「仕事」と関連付けられて、最初は下に示すような図を使って次のように説明されます。

○エネルギーは「仕事をする能力」
○仕事は力Fで距離xを移動させること
○エネルギーは保存される（総量不変）

できるだけ「身の回りの事象」を使って説明するとこうなるのでしょうが、理科系の人間にとっては、最初の説明としては「ピントはずれ」の説明に思えて仕方がありません。

まず、下段図における「力F」とは何だろ

■ エネルギーの定義

●摩擦力の場合

力F

●重力に逆らう場合

重力

●転がり摩擦の場合

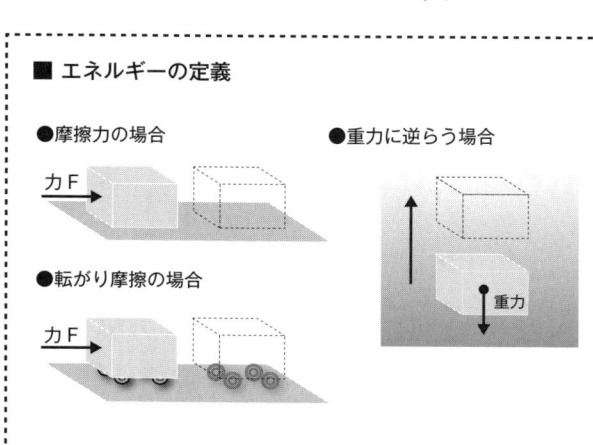

力F

うか、と考えてしまいます。最初の図は、物体が持つ質量によって地面との間に摩擦力が生じ、それに逆らって移動する力でしょうが、摩擦は熱に変わり、取り出すことが難しいエネルギーに変わります。「転がり摩擦」は高校ではあつかわない内容であり、理論的には摩擦はゼロのはずです。

● 仕事の定義

重力に逆らう図がもっともわかりやすいので、最初に仕事と位置エネルギー、続いて運動エネルギーの順番で説明してみましょう。

「力学的な仕事」は「力Fで変位sだけ移動させること」と定義します。

仕事は移動できた場合しか生じません。変

■ **位置エネルギーの定義**

1個の滑車を使って物体（質量 m）を高さ h だけ持ち上げる仕事は、力 =mg で変位 h 移動させるので、

Fs=mg・h=mgh

となります。

滑車が2個の場合は、力 =mg/2 で変位 2h 移動させるので、

Fs=mg/2・2h=mgh

となり、力の大きさや変位が変わっても、仕事の大きさは変わりません。また力が mg 以下の場合は持ち上がらず、変位は0で仕事は0です。

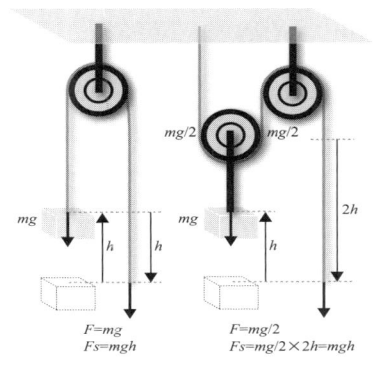

$F=mg$
$Fs=mgh$

$F=mg/2$
$Fs=mg/2 \times 2h=mgh$

位 s が 0 の場合は仕事も 0 です。また、前頁の例で示したように、力 F で h 移動しようが力 F/2 で 2h 移動しようが結果は同じで、仕事はその過程には依存しません。これを「仕事の原理」と呼びます。

もう 1 つ仕事を解説します。下図のようにバネを引っ張ると、必要な力は変位の向きと反対で「バネ定数 k」をかけたものです。つまり引っ張れば引っ張るほど大きな力が必要で、ここの事情はいつも一定の力ですむ重力の場合とは若干異なります。そして変位 x に対応する仕事の大きさは $kx^2/2$ となります。

●位置エネルギーの定義

前述の 2 つの場合はいずれも、「力を蓄えて

■ バネの位置エネルギー

右に、変位が x_1、x_2 の場合の力と変位の図を示します。

変位 x の場合の力は kx、変位 x から x+Δx までにした仕事は kx・Δx です。

つまり仕事は、変位が 0 から x までの三角形の面積となります。

したがって、変位が 0 から x までの仕事は $kx^2/2$ となります。

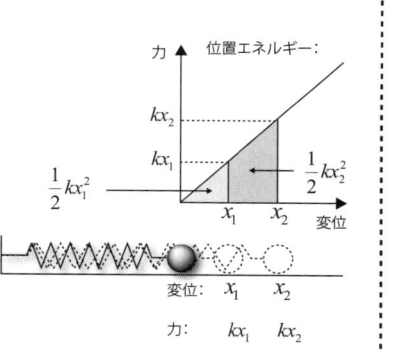

位置エネルギー：

$\frac{1}{2}kx_1^2$ $\frac{1}{2}kx_2^2$

変位: x_1 x_2
力: kx_1 kx_2

いる」ことには違いがありません。これをまとめて何と呼びましょうか。これが「位置エネルギー」です。「潜在的な力」という言葉を使って「ポテンシャルエネルギー」とも呼ばれます。

● 運動エネルギーの定義

高さhまで持ち上げた物体を落とした場合も、変位xまで引っ張ったバネを放した場合も、物体が動きだします。これが「運動エネルギー」です。その大きさはどのように表したらいいでしょうか。

下の計算で示すように、位置エネルギーmghは mv²/2 に変わり、これは運動の向きにはよりません。これが運動エネルギーです。

■ 位置エネルギーの運動エネルギーへの変化

自由落下　曲線落下

位置エネルギー
mgh

こちらの場合も最終的には左の場合と同様の速度で転がるので、運動エネルギーは速度の方向にはよらないことになります。

$v^2 = 2gh$

両辺に m/2 をかけると
運動エネルギー

$\frac{1}{2}mv^2 = mgh$

$\frac{1}{2}mv^2 = mgh$　　$v = \sqrt{2gh}$　　$v = \sqrt{2gh}$

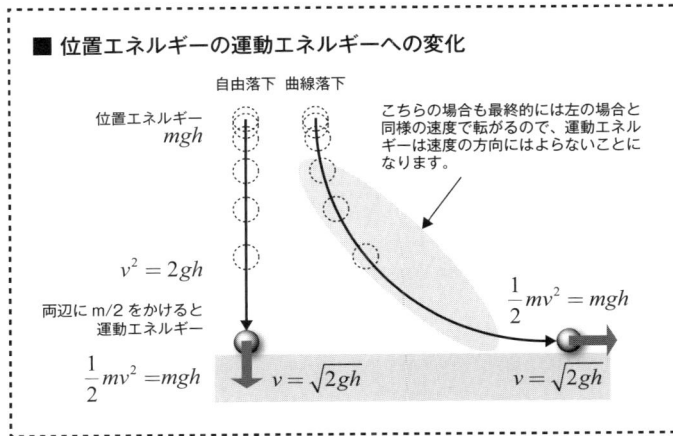

2 エネルギーの保存則は運動方程式の積分

●エネルギーは保存量

エネルギーを最初からこう考えましょう。

○エネルギーは総量不変の物理量
○エネルギーにはいろいろ種類があり、相互に移り変わる

こう考えた方が「エネルギーの移り変わり」が最初から頭に入ってきます。その観点から、下段の関係式を見てください。これは前頁に示した関係を数式を使って整理したものです。

P59で「仕事の原理」を説明しましたが、この原理と積分計算との共通点に気がつかれた方はいませんか？ エネルギーは最初の状態と最

■ 高校物理レベルでの運動エネルギーの定義

加速度 α の運動において、

$\begin{cases} s : s_1 \to s_2 \text{ のように位置が変わる際、} \\ v : v_1 \to v_2 \text{ のように速度が変わるとすると、} \end{cases}$

次の2つの関係が成立します。

$\begin{cases} v_2 - v_1 = \alpha t \\ s_1 - s_2 = \dfrac{1}{2}\alpha t^2 \end{cases}$ 左の2つの関係式を整理すると、次式が得られます。

$\Rightarrow (v_2 - v_1)^2 = (\alpha t)^2 = 2\alpha(s_1 - s_2)$

次のような置き換えをした方が、見やすくなります。

$\begin{cases} v : v_1 = 0 \to v_2 \equiv v \\ s : s_1 = s \to s_2 = 0 \end{cases} \Rightarrow v^2 = 2\alpha s$

この関係を運動方程式に代入すると、運動エネルギーの定義式が得られます。

$F = m\alpha \Rightarrow Fs = m\alpha s = \dfrac{1}{2}mv^2$

後の状態で決定されます。これは実は積分計算の原則と同じです。

エネルギーの保存則は、実は「運動方程式の積分」に相当します。

左辺では、物体に与えられた力「F=mg」を始点から終点まで空間座標で積分して「Fs=mgh」となり、右辺は、物体に与えられた力「F=mg」によって生ずる加速度「a=g」を始点から終点までの時間で積分して「mv²／2」となります。両辺の違いをわかりやすくするために重力加速度gによる落下運動の運動方程式を積分しましたが、これは一般的な加速度aの場合でも成立します。

途中で一部、積分変数の切り替えで高校の数学・物理の範囲を超える部分がありますが、そこは目をつぶって成り行きを見てください。運動エネルギーと位置エネルギーが実にきれいに得られて、それらの等価性がよくわかると思いませんか。そして最後の式がエネルギーの保存を示します。時間t_1と時間t_2の間に外力が加えられなければ、途中がどうであろうと、前後のエネルギーの総和は変わりません。

●バネのエネルギーと引力のエネルギー

万有引力のポテンシャルエネルギー（位置エネルギー）に負号がつく理由に悩んだ

■ 位置エネルギーと運動エネルギーの等価性

重力を受けた物体にかかわる運動方程式を積分します。力を積分すると位置エネルギーが得られ、物体の運動を積分すると運動エネルギーが得られます。加速度の積分で時間の積分に切り替えるあたりは大学の数学の範囲です。移項して整理すれば、エネルギーの保存則が得られます。

運動方程式 $(F = -mg) = m\alpha$ の両辺を右の条件で2通りに積分します。
まずは時間の経過を考えず、左辺の力を空間座標に沿って積分します。

$$\begin{cases} t : t_1 \to t_2 \\ x : h_1 \to h_2 \\ v : v_1 \to v_2 \end{cases}$$

$$E_p = \int_{h_1}^{h_2} F\, dx = \int_{h_1}^{h_2} -mg\, dx = -mg\, [x]_{h_1}^{h_2} = mg(h_1 - h_2)$$

この場合、位置エネルギーは次のように定義します。

$U = -mgh$, $E_p = \Delta U = U(h_2) - U(h_1)$

次に、右辺の物体が受けた加速度を空間座標に沿って積分します。

$$E_K = \int_{h_1}^{h_2} m\alpha\, dx = m \int_{h_1}^{h_2} \frac{d^2 x}{dt^2}\, dx = m \int_{t_1}^{t_2} \frac{d^2 x}{dt^2} \frac{dx}{dt}\, dt$$

空間座標における積分を時間の積分に切り替える計算だけは高校数学の範囲を超えています。さらにここでは、合成関数の微分の手法を使い、速度の2乗の微分を積分すれば元に戻る、という若干トリッキーな操作をします。

$$= m \int_{t_1}^{t_2} \frac{d}{dt}\left\{\frac{1}{2}\left(\frac{dx}{dt}\right)^2\right\} dt = m\left[\frac{1}{2}v^2\right]_{v_1}^{v_2} = \frac{1}{2}m(v_2^2 - v_1^2)$$

上でやった微分の確認をしておきます。

$$\frac{d}{dt}\left\{\frac{1}{2}\left(\frac{dx}{dt}\right)^2\right\} = \left(\frac{dx}{dt}\right)\frac{d}{dt}\left(\frac{dx}{dt}\right) = \left(\frac{dx}{dt}\right)\frac{d^2 x}{dt^2}$$

上の2つの計算は同じものの積分なので、次式が成立します。
位置エネルギーの差は運動エネルギーの差に等しいということになります。

$$mg(h_1 - h_2) = \frac{1}{2}m(v_2^2 - v_1^2)$$

移項すると、見慣れたエネルギーの保存則が得られます。

$$\therefore mgh_1 + \frac{1}{2}mv_1^2 = mgh_2 + \frac{1}{2}mv_2^2$$

方はおられませんか。これは積分の過程で現れます。積分を使えば、バネの力による位置エネルギーや万有引力による位置エネルギーが簡単に得られます。左にこれらを示しておきます。なお、重力の位置エネルギーには、先頭に負号をつける場合と付けない場合がありますが、1つの計算の中で統一されていれば問題ありません。

■ バネのエネルギーと引力のエネルギー

● バネのエネルギー（単振動）

$F = m\alpha = -kx \quad \left(\alpha = -\dfrac{k}{m}x\right)$

$E_p = \int_{s_1}^{s_2} F dx = \int_{s_1}^{s_2} m\alpha dx = \int_{s_1}^{s_2} -kx dx = \left[-\dfrac{1}{2}kx^2\right]_{s_1}^{s_2}$

$= -\dfrac{1}{2}k\left(s_2^2 - s_1^2\right)$

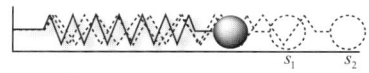

$U(s) = -\dfrac{1}{2}ks^2, \quad E_p = U(s_2) - U(s_1)$

$-\dfrac{1}{2}k\left(s_2^2 - s_1^2\right) = \dfrac{1}{2}m\left(v_2^2 - v_1^2\right)$ （右頁の計算より）

$\Rightarrow \quad \therefore \dfrac{1}{2}ks_1^2 + \dfrac{1}{2}mv_1^2 = \dfrac{1}{2}ks_2^2 + \dfrac{1}{2}mv_2^2$

● 万有引力のエネルギー

$F = m\alpha = G\dfrac{Mm}{r^2} \quad \left(\alpha = \dfrac{GM}{r^2}\right)$

$E_p = \int_{r_1}^{r_2} F dr = \int_{r_1}^{r_2} m\alpha dr = GMm \int_{r_1}^{r_2} \dfrac{dr}{r^2}$

$= GMm\left[-\dfrac{1}{r}\right]_{r_1}^{r_2}$

$= -GMm\left(\dfrac{1}{r_2} - \dfrac{1}{r_1}\right)$

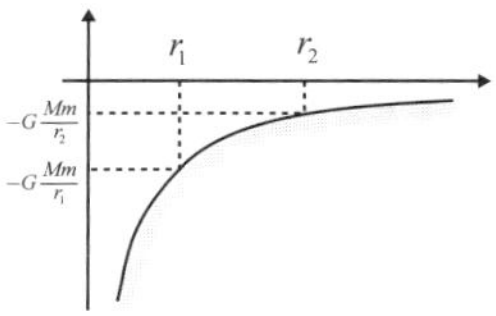

$U(r) = -G\dfrac{Mm}{r}, \quad E_p = U(r_2) - U(r_1)$

$-GMm\left(\dfrac{1}{r_2} - \dfrac{1}{r_1}\right) = \dfrac{1}{2}m\left(v_2^2 - v_1^2\right)$ （右頁の計算より）

$\Rightarrow \quad \therefore \dfrac{GMm}{r_1} + \dfrac{1}{2}mv_1^2 = \dfrac{GMm}{r_2} + \dfrac{1}{2}mv_2^2$

65　第2章　運動量とエネルギーはどう使う？

3 エネルギーにはどんな種類があるのか

●エネルギーの行う仕事は物体の移動だけではない

前節までは、力学的エネルギーが力学的な仕事を行った結果としてとらえましたが、実はエネルギーには非常に多くの種類があり、これらのエネルギーは、相互に移り変わります。

まず、万有引力のポテンシャルエネルギーが運動エネルギーに変わるように、位置エネルギーが運動エネルギーに変わります。これと同様のことは物体が複数ある場合に質量の間に生じるポテンシャルエネルギーです。これと同様のことは物体が複数ある場合に質量の間に生じ、複数の電荷の間には電荷間のクーロン力による「クーロンポテンシャル」と呼ばれる位置エネルギーが生じます。

地球の万有引力のポテンシャルエネルギーがすべて運動エネルギーに変わるということは、地球の引力圏を脱出するということに相当し、アルファ粒子が原子核から飛び出す際に持つ運動エネルギーは、アルファ崩壊時の質量欠損（静止エネルギー）と原子核の電荷のクーロンポテンシャルが変換されたものです。

66

■ エネルギーの種類

エネルギーの種類		数式表現	説明	例
力学的エネルギー	位置エネルギー(ポテンシャルエネルギー)	$U = -\frac{1}{2}kx^2$	弾性体はその変位に応じたエネルギーを持つ	バネ、ゴムひも
		$U = -mgh$	重力下の物体はその位置に応じたエネルギーを持つ	地上の物体すべて
		$U = -G\frac{Mm}{r}$	万有引力下の物体はその位置に応じたエネルギーを持つ	すべての天体
		$U = -\frac{1}{4\pi\varepsilon}\frac{Qq}{r}$	点電荷の影響下の電荷はその大きさに応じたエネルギーを持つ	すべての電荷
	運動エネルギー	$E = \frac{1}{2}mv^2$	移動している物体は速度に応じたエネルギーを持つ	ビリヤードの玉、振り子のおもり、
電気エネルギー		$P = IV$	電気を流して、モーターを回転し、発熱し、電灯を点灯させる(1W=1J/sec)	モーター、ヒーター、電灯
熱エネルギー		省略	熱は仕事をする(1cal=4.19J)摩擦は熱に変わる	蒸気機関、各種タービンセラミックブレーキディスク
光エネルギー		$E = h\nu = \frac{hc}{\lambda}$	光は波長λまたは振動数νに応じたエネルギーを持つ。	光電効果
化学エネルギー		省略	化学結合はエネルギーを持ち、化学反応によって熱や光として出入りする。	燃焼、電池、太陽電池
静止エネルギー		$E = mc^2$	質量とエネルギーは等価である。	原子力発電、原子爆弾

■ エネルギーの変換

		位置エネルギー	運動エネルギー	電気エネルギー	熱エネルギー	光エネルギー	化学エネルギー	静止エネルギー
発熱	摩擦		●→		→			
	ヒーター			●→	→			
	白金カイロなど				←●		●	
発光	ライト			●→		→		
	自転車ダイナモ		●→	→		→		
	ホタルの発光					←	●	
動力	モーター、扇風機		←	●				
	内燃機関		←		←		●	
	発電機		●→	→				
発電	揚水(揚水発電)	←		●				
	水力発電	●→	→	→				
	火力発電			←	←		●	
	原子力発電		←	←	←			●
太陽光利用	太陽電池			←		●		
	太陽熱温水器				←	●		
電池	電池(充電)			●→			→	
	電池(放電)			←			←	●
その他	原子爆弾		←		←	←		●
	光電効果			←		●		
	アルファ粒子の発生	●→	→					

67　第2章　運動量とエネルギーはどう使う?

次に、力学的エネルギーを電気、熱、光、化学エネルギーとも相互に変換します。力学的なエネルギーを電気、熱、光として取り出したり、電気、熱、光、化学エネルギーを力学的エネルギーとして取り出したりすることができるということです。そして「静止エネルギー」は質量がエネルギーに変わります。これは、有名なアインシュタインの公式「$E=mc^2$」によって相互に変換します。

● エネルギーの利用にはエネルギーの種類の変換がともなう

身の回りでは多くのエネルギーが変換されて利用されています（前頁表参照）。まず運動によって生ずる摩擦は熱エネルギーに変わりますが、これでは利用しにくいので、ダイナモにつないで電気エネルギーとして再利用するのが「回生エネルギー」と呼ばれるもので、新幹線や電気自動車、電動アシスト自転車などで利用されています。

電気は、ヒーターでは熱エネルギーに、ライトでは光エネルギーに、扇風機やモーターなどは運動エネルギーに変換するものであり、ホタルの発光は化学エネルギーを光エネルギーに変換するものです。白金カイロは化学エネルギーを熱エネルギーに変換するものです。

ダイナモや発電機は運動エネルギーを電気エネルギーに変えるものであり、内燃機関は化学エネルギーをいったん熱エネルギーに変えてから運動エネルギーに変えて利用するものです。複数の段階を経るために変換効率が重要になります。

原子力発電は静止エネルギーを熱エネルギー・運動エネルギーを経由して電気エネルギーに変えるものであり、原子爆弾は静止エネルギーを熱・光・運動エネルギーに変換するものにあたります。

火力発電は化学エネルギーを熱エネルギー・運動エネルギーを経由して電気エネルギーに変えて利用するものです。水力発電は、位置エネルギーを運動エネルギーに変えてから電気エネルギーに変えて保存するのが揚水水力発電です。

太陽光・太陽熱発電は、もともとは太陽における核融合で静止質量がエネルギーに変わったものですが、光として地球に到達したエネルギーを電気または熱として取り出すものです。

また乾電池・充電池における放電は化学エネルギーを電気エネルギーとして取り出すものであり、充電は電力を化学エネルギーとして貯蔵するものです。

4 なぜジェットコースターは落ちないのか

●遠心力が十分かどうか

世の中のジェットコースター（和製英語、英語ではローラーコースター）の中には、何回も宙返りするものやコースがねじれているものまでさまざまなものがあります。答えを言ってしまうと、「最上部で落ちないだけの遠心力が確保されていれば落ちない」ということになります。この計算には力学的エネルギーの保存則が使われます。

●ジェットコースターが落下しない条件とは

恐怖があるからスリルがあるわけで、これを物理的に計算してしまうと何の変哲もない話になってしまいそうですが、興味のある方向けにご紹介します。考え方を簡単にするために、半径Rの縦の円を落ちずに回り切る（レールから受ける垂直抗力が正である）ためには、半径の何倍の高さからスタートすればよいのか、という問題を解きます。答えは半径の5／2倍です。

■ ジェットコースターが落下しない条件

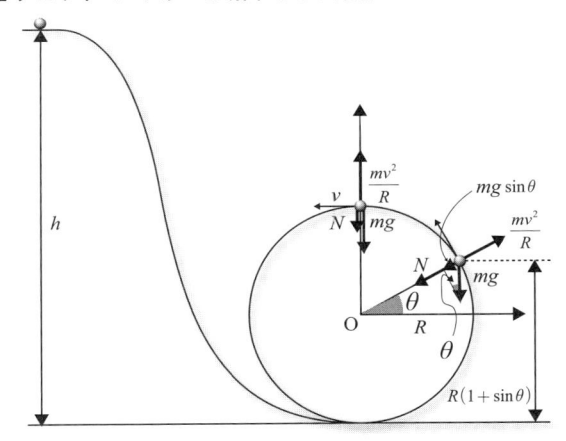

まず一般的に、任意の角度での動径(円周に垂直な方向)方向での力のつり合いを求めます。

$$N + mg\sin\theta = \frac{mv^2}{R}$$

レールから受ける垂直抗力 N が正であることが、コースターが落ちない条件。

$$N = \frac{mv^2}{R} - mg\sin\theta \geq 0$$

ここで v^2 の計算に正面切って取り組むと大変なことになるので、力学的エネルギーの保存則を利用します。

$$E = mgh = mgR(1+\sin\theta) + \frac{1}{2}mv^2$$

この関係から mv^2、さらには $\frac{mv^2}{R}$ が簡単に得られます。

$$\frac{mv^2}{R} = mg\{h - R(1+\sin\theta)\}\frac{2}{R} = mg\left(\frac{2h}{R} - 2(1+\sin\theta)\right)$$

この関係を、上の垂直抗力 N に対する不等式に代入します。

$$\therefore N = \frac{mv^2}{R} - mg\sin\theta = mg\left(\frac{2h}{R} - 2(1+\sin\theta)\right) - mg\sin\theta = mg\left(\frac{2h}{R} - 2 - 3\sin\theta\right) \geq 0$$

次のように、高さ h に関する条件が得られます。

$$\frac{2h}{R} - 2 \geq 3\sin\theta \Rightarrow \frac{2h}{R} - 2 \geq 3 \Rightarrow h \geq \frac{5}{2}R$$

この計算で力学的エネルギー保存則がなければ、曲線をすべて解析して各地点での速度を計算して…という大変な計算をしなければならなくなります。この保存則がいかに便利であるか、おわかりいただけたでしょうか。

何回宙返りしようと、スタートが回転半径の5／2倍の高さであれば（摩擦や風圧による速度の低下は考えないとして）、ローラーコースターから下には落ちないのです。

この保存則を観察するのに最適なインテリアホビーがあります（下図）。球をエレベータが上まで運んでこのホビーに投入すると、球が回転しらせん降下し、レールからレールに跳びはねて最下部まで転がっていきます。実に興味深いホビーです。

■ 力学的エネルギーの保存則を利用した「スペースワープ」

（画像提供：バンダイ）

●やじろべえも位置エネルギーによる安定

エネルギー保存則ではないのですが、やじろべえのつり合いも位置エネルギーによって議論することができます。

やじろべえは、下左図の場合、重心がもっとも低い位置にあって安定していますが、下右図のように少し傾けると重心が高くなります。重心が高くなった分のΔhに質量と重力加速度をかけたものが復元力の源です。

したがってやじろべえは、下に添えた皿の図の上のボールが、大きくなった位置エネルギーを減らす方向で皿の底に向かって転がり落ちるのと同様に、位置エネルギーがもっとも小さくなる方向に揺り戻します。

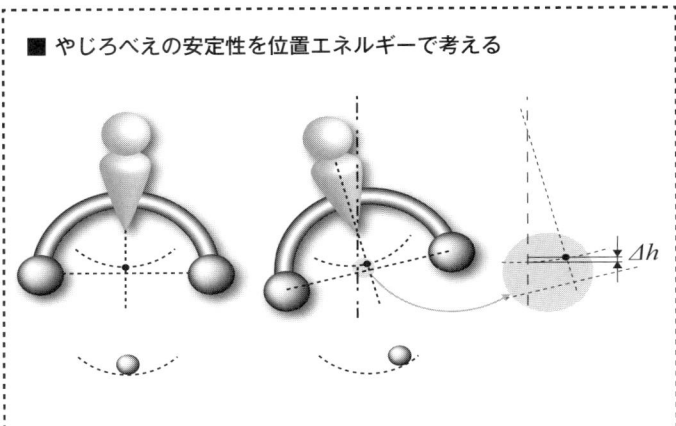

■ やじろべえの安定性を位置エネルギーで考える

5 万有引力のポテンシャルはどう利用するのか

● 無限遠で0のポテンシャルエネルギー

身の回りの位置エネルギーの中で、重力と電磁気力が構成する2つのエネルギー、すなわち万有引力のポテンシャルとクーロンポテンシャルでは「無限遠で0」という取り決めをします。力が距離の2乗に反比例する力のポテンシャルとしては当然の話です。また左頁に示すように、引力の場合は物体を遠くへ持っていくためには仕事が必要であり、無限遠より近いところにある物体は、勝手に引力ポテンシャルに落ちてくる、というイメージが重要です。

なお、力とポテンシャルの関係が、高校物理と大学以降の一般的な物理では符号が異なり、非常にまぎらわしいので左頁にまとめておきます。一般的な物理では、力の向きを「斥力は正、引力は負」と定め、さらに力を「ポテンシャルの微分×-1」と定義します。しかし高校物理では、力の向きや符号に一般的なルールはないので、このような差異が生じます。

■ ポテンシャルのイメージ

引力の場合には遠くに持っていくためには仕事が必要であり、無限遠よりは近い物体は勝手に落ちてくる、というイメージが重要です。

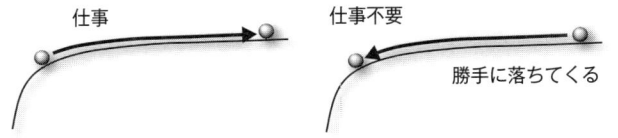

仕事　　　　　　　　　　仕事不要

　　　　　　　　　　　　　　　　　勝手に落ちてくる

■ 高校物理でのポテンシャル

力の向きに符号を与えないために、下のような表示となります。

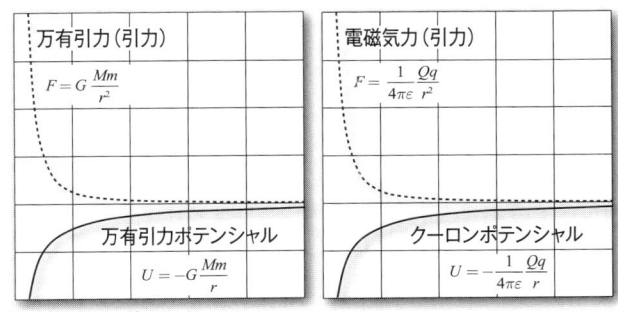

万有引力（引力）	電磁気力（引力）
$F = G\dfrac{Mm}{r^2}$	$F = \dfrac{1}{4\pi\varepsilon}\dfrac{Qq}{r^2}$
万有引力ポテンシャル $U = -G\dfrac{Mm}{r}$	クーロンポテンシャル $U = -\dfrac{1}{4\pi\varepsilon}\dfrac{Qq}{r}$

■ 一般的なポテンシャル

斥力は正、引力は負、力はポテンシャルの微分（本来は偏微分）×（−1）と決められていることから、高校物理とは形式が異なります（電磁気力の場合は電荷の符号の積で正負が現れます）。

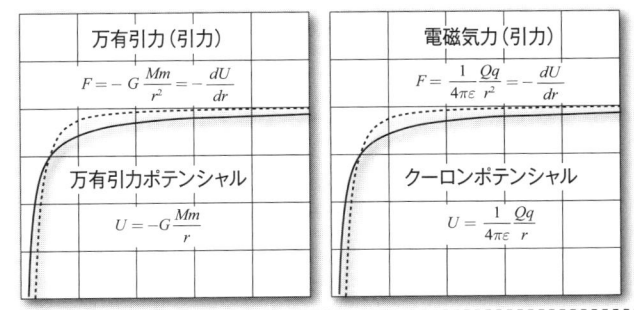

万有引力（引力）	電磁気力（引力）
$F = -G\dfrac{Mm}{r^2} = -\dfrac{dU}{dr}$	$F = \dfrac{1}{4\pi\varepsilon}\dfrac{Qq}{r^2} = -\dfrac{dU}{dr}$
万有引力ポテンシャル $U = -G\dfrac{Mm}{r}$	クーロンポテンシャル $U = \dfrac{1}{4\pi\varepsilon}\dfrac{Qq}{r}$

●地球の重力を振り切るための速度は地球の重力ポテンシャルを超える速度

P50で、地球から打ち上げたロケットが地球の引力圏をとびだして広大な宇宙へ出ていくための速度「第2宇宙速度」を求めるには「ポテンシャル」の概念が必要になると述べました。ここでやっとその解説に入ります。

第2宇宙速度は、地球表面で物体が持つ運動エネルギーが、地球の万有引力のポテンシャルエネルギーより大きいということです。その速度は秒速11・2km（時速約4万km）となります（左頁上段解説参照）。

なお、ポテンシャル解説の最後に、重力の位置エネルギーと万有引力のポテンシャルの関係を解説しておきます（左頁下段解説参照）。

■ 第2宇宙速度の意味

$\frac{1}{2}mv_2^2$ 運動エネルギーが無限遠まで飛んでいくのに十分であればよい。

$U = -G\dfrac{Mm}{r}$

$\frac{1}{2}mv_2^2 > G\dfrac{Mm}{R}$

$U = -G\dfrac{Mm}{R}$

■ 第2宇宙速度の計算

運動エネルギー + 位置エネルギー

$$= \frac{1}{2}mv_2^2 - G\frac{Mm}{R} = \frac{1}{2}mv_\infty^2 - G\frac{Mm}{r}$$
$$\qquad\qquad\qquad\quad \| \qquad\quad r\to\infty \text{ で0}$$
$$\qquad\qquad\qquad\quad 0$$

ここで、R：地球の半径、M：地球の質量、G：万有引力定数
GMの計算が面倒なので、地上での重力の関係を使います。

$$mg = G\frac{Mm}{R^2} \quad \text{したがって} \quad GM = gR^2$$

$$\therefore \frac{1}{2}mv_2^2 = mgR \quad \boxed{v_2 = \sqrt{2Rg}} = \sqrt{2 \times 6.4 \times 10^6 \times 9.8}$$

$$v_2 = 11.2 km/s$$

■ 万有引力のポテンシャルからの重力の位置エネルギーの導出

地球の万有引力のポテンシャルエネルギーと位置エネルギーの形が違うのはどうしてか、と思われる方も多いので、ここで説明しておきます。万有引力は無限遠で 0 ですが、重力の位置エネルギーでは高さ 0 の場合を0とするので、まず万有引力ポテンシャルの差から重力の位置エネルギーを求めます。

$$E = \left(-G\frac{Mm}{R+h}\right) - \left(-G\frac{Mm}{R}\right) = -G\frac{Mm}{R}\left(\frac{1}{1+\frac{h}{R}} - 1\right)$$

ここで等比級数の公式を利用します。

$$\frac{1}{1-x} = 1 + x + x^2 + \cdots \quad \text{で} \quad x \to -x \text{ の置き換えを行います。}$$

$$\frac{1}{x+1} = 1 - x + x^2 + \cdots \quad \Rightarrow \quad \frac{1}{1+x} - 1 = -x + x^2 + \cdots$$

さらに $x \to -\dfrac{h}{R}$ の置き換えを行い、$\dfrac{h}{R}$ が非常に小さいので二次以降を無視します。さらにここでも $GM = gR^2$ の置き換えを行うと、

$$\frac{1}{1+\frac{h}{R}} - 1 = -\frac{h}{R} + \left(\frac{h}{R}\right)^2 + \cdots \approx -\frac{h}{R}$$

$$E = -G\frac{Mm}{R}\left(\frac{1}{1+\frac{h}{R}} - 1\right) \approx -\frac{gR^2 m}{R} \cdot -\frac{h}{R} = mgh \quad \text{となります。}$$

6 静止エネルギーの大きさはどれくらいか

●人類最初の静止エネルギーの解放

1945年7月16日、人類史上初めて、静止エネルギーを解放する実験が行われました。ウラニウム235の核分裂によって1グラムの質量が消失すると、90兆ジュールの静止エネルギーが発生します。これをTNT火薬に換算すると約22キロトンに相当します。広島原爆には約50kgのウラニウム235が使用され、このうち約855gが核分裂を起こし、そのうちわずか約0・68gがエネルギーに変わりました。これはTNT換算で約15キロトンに相当します（左頁下段の計算参照）。

●原子力発電から得られるエネルギー

左頁上段に原子力発電と原子爆弾の反応を比較します。原子力発電では、1個の原子核の核分裂から200MeV、1gのウラニウム235から6・5メガワット時の電力が得られます。

■ 原子力発電と原子爆弾

●原子力発電（制御された核分裂） ●原子爆弾（核分裂の暴走）

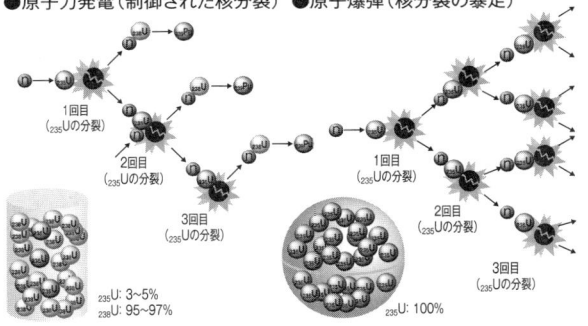

₂₃₅U: 3～5%
₂₃₈U: 95～97%

₂₃₅U: 100%

■ 静止エネルギーの大きさ

ウラニウム ^{235}U の原子1個が原子炉内で次のような核分裂を起こすと、約200MeV の質量がエネルギーに変わります。

$$^{235}U + n \rightarrow ^{236}U \rightarrow A + B + (2 \sim 3)n + \Delta m \;(\sim 200\;MeV)$$

$$1MeV = 1.602 \times 10^{-13} J = 1.602 \times 10^{-13} kgm^2/s^2 = 4.45 \times 10^{-20}\;kWh$$

この反応から、右の各種のエネルギーが生じます。そのうち、中性子以外の大部分は最終的には熱の形に転換し、1個の原子の分裂につき約190MeV のエネルギーが

核分裂片の運動エネルギー	168 MeV
ガンマ線（電磁波）	7 MeV
中性子の運動エネルギー	5 MeV
核分裂生成物からの放射線	13 MeV
中性微子（ニュートリノ）	10 MeV

利用できます。これを電力に変換すると次のようになります（ただし、原子力発電の変換効率は30%）。

1モルの原子数は 6.02×10^{23} 個なので、1g の ^{235}U の核分裂からは
190MeV× (6.02×10^{23}) /235 × 4.45×10^{-20} kWh × 0.3=6.5MWh
のエネルギーが得られます。

原爆のエネルギーは熱線が35%、爆風が50%、放射線が15%の割合で放出されます。^{235}U の核分裂によって1g の質量がエネルギーに変わった場合、次のエネルギーが発生します。

E=mc²=1.0 × 10^{-3} kg × $(3.0 \times 10^8 m/sec)^2$ =9.0 × 10^{13} J=90 兆 J
1TNT 換算トン = 4.184×10^9 J で換算すると、次のようになります。
9.0×10^{13} J/ 4.184×10^9 J=2.2 × 10^4 トン= 22 キロトン

7 運動量保存の法則はどう使う

● 運動量保存の法則が登場する場面とは

力学的エネルギー保存の法則は1つの物体が外力を受けて状態が変わる場合に、変化の前後ではエネルギーの総計が変わらないということですが、複数の物体が登場する場合には、エネルギーの保存の法則に加えて、「運動量保存の法則」が成立します。代表的な例は複数の物体が衝突する場合ですが、1つの物体が複数に分割する場合にもこの法則が適用されます。これも「質点系の力学」です。

代表的な登場場面は、ビリヤードにおける球の衝突後の進行方向の分析ですが、この他に、

■ 運動量保存の法則

外力を受けない質点の間で何かの干渉が生じて運動量（＝質量と速度の積）をやり取りする場合、その干渉の前後では運動量の総計は変わりません。

右上図がもっとも基礎的な「衝突」を表す図ですが、右下図のように静止した2つの質点が左右両方向に分かれた場合も運動量の保存則が成立します。

これは、原子核の分裂、大砲・拳銃の発射や、ロケットが燃料を噴射して飛行する場合に相当します（P.89参照）。

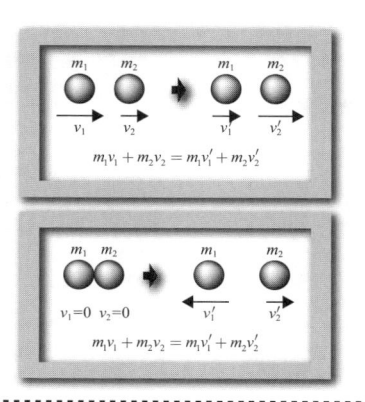

$$m_1 v_1 + m_2 v_2 = m_1 v_1' + m_2 v_2'$$

$v_1 = 0 \quad v_2 = 0$

$$m_1 v_1 + m_2 v_2 = m_1 v_1' + m_2 v_2'$$

ゴルフのクラブや野球のバットがボールを打つ場合などでも成立します。ジェット機やロケットが飛ぶ場合も運動量が保存されます。

この法則は、物体の質量がその重心に集中している場合の直進運動に適用されますが、質点系や剛体では、回転運動に対して「角運動量保存の法則」も成立します（P102参照）。

●直線状の衝突（1次元）

「ニュートンのゆりかご」(下図)は、キネティック・アート（動く美術作品または動くように見える美術作品）の一種であり、日本では「カチカチボール」とも呼ばれます。この動きを見ると、運動量の保存則と力学的エネルギー保存の法則を視覚的に理解することができます。

■ ニュートンのゆりかご

Δh

運動量保存の法則

$m_1 v_1 \quad m_2 v_2$

$m_1 v_1' \quad m_2 v_2'$

$$m_1 v_1 + m_2 v_2 = m_1 v_1' + m_2 v_2'$$

$m_1 = m_2 = m \quad 0 \quad 0$

$m v_1 = m v_2' \Rightarrow v_2' = v_1$

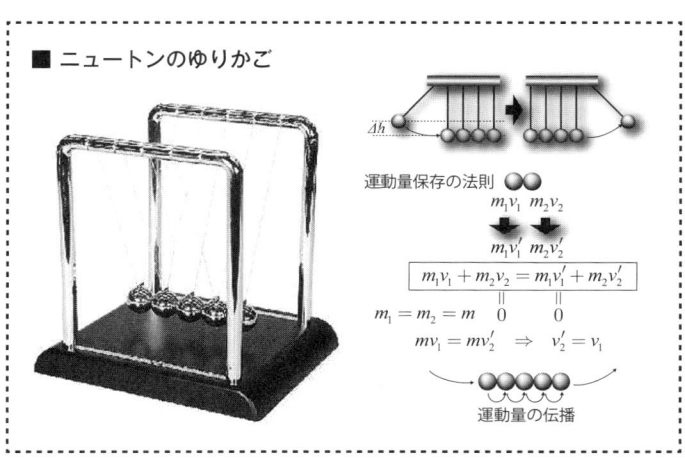

運動量の伝播

左端の球をΔh持ち上げて手を離すと、持ち上げて生じた位置エネルギーが運動エネルギーに変わり、隣の球と水平衝突します。5つの球の質量は同一なので、まず1個目の球の運動量が2個目の球に完全に伝わり、瞬時に右端の球にまで伝播します。

この運動量は右端の球に運動を与えて、最初の高さΔhまで押し上げます。

これら5つの球は非常に硬度が高い鋼鉄でできているので、相互の衝突は次に述べる「完全弾性衝突」に非常に近い衝突であり、最初に球を持ち上げて生じた位置エネルギーは運動エネルギーが伝播する際にほとんど失われず、右端の球の位置エネルギーに変わります。以降同様の動きが、衝突と空気抵抗によるわずかなエネルギー損失が積み重なって最初の位置エネルギーが減衰してなくなるまで継続します。

● 完全弾性衝突と非弾性衝突

完全弾性衝突というものは実は理想的な衝突であり、ほとんどの場合は衝突でエネルギーが失われます。この場合のエネルギーの減衰を測るために、衝突の前後の速度の比を方向の変化を含めて「反発係数」として定義します。そうすると、衝突による運動量やエネルギーの移転や、エネルギー損失を求めることができます（左頁参照）。

最初に下段でもっともわかりやすい例を紹介します。動いている球の質量mより静止球の質量Mの方が大きい場合は、動いている球は衝突後に逆方向に跳ね返されます。

動いている球が静止球に完全弾性衝突した場合の反発係数は1です。

続いてこの計算を一般化して、動いて

■ 静止した球との衝突

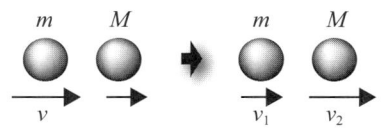

m M → m M
 v v_1 v_2

$\begin{cases} mv = mv_1 + Mv_2 \quad \text{(運動量保存則)} \\ \dfrac{1}{2}mv^2 = \dfrac{1}{2}mv_1^2 + \dfrac{1}{2}Mv_2^2 \quad \text{(エネルギー保存則)} \end{cases}$

これらを整理して

$\begin{cases} v_2 = \dfrac{m}{M}(v - v_1) \\ mv^2 = mv_1^2 + Mv_2^2 \end{cases} \Rightarrow mv^2 = mv_1^2 + M\left\{\dfrac{m}{M}(v-v_1)\right\}^2$

これらを整理して

$Mmv^2 - Mmv_1^2 = Mm(v^2 - v_1^2) = m^2(v - v_1)^2$

$v \neq v_1$ であるから、動いていた球の進む方向は
2つの球の質量の大小によって変わります。

$M(v + v_1) = m(v - v_1) \Rightarrow v_1 = \dfrac{m - M}{m + M}v \quad \begin{cases} m < M \to \text{左向き} \\ m = M \to \text{静止} \\ m > M \to \text{右向き} \end{cases}$

$v_2 = \dfrac{m}{M}(v - v_1) = \dfrac{m}{M}v\left(1 - \dfrac{m - M}{m + M}\right) = \dfrac{2m}{m + M}v > 0$

$\dfrac{v_1 - v_2}{v} = -e \text{(反発係数)} = \dfrac{m - M}{m + M} - \dfrac{2m}{m + M} = -1 \quad e = 1$

■ 完全弾性衝突・非弾性衝突とエネルギー損失

$$\begin{cases} m_1 v_1 + m_2 v_2 = m_1 v_1' + m_2 v_2' \text{（運動量保存則）} \\ \dfrac{v_1' - v_2'}{v_1 - v_2} = -e \quad \text{（反発係数）} \end{cases}$$

$$v_2' = v_1' + e(v_1 - v_2)$$

$$m_1 v_1 + m_2 v_2 = m_1 v_1' + m_2 \{v_1' + e(v_1 - v_2)\} = v_1'(m_1 + m_2) + em_2(v_1 - v_2)$$

この関係式を反発係数 e で整理すると次のようになります。衝突後の速度は、下のグレイの部分がやり取りされます。$m_1 = m_2$ の場合はそれぞれの球の速度 v_1 と v_2 が交換されます。

$$\begin{cases} v_1' = \dfrac{m_1 v_1 + m_2 v_2}{m_1 + m_2} + e\dfrac{m_2(v_2 - v_1)}{m_1 + m_2} \xrightarrow{e=1} \dfrac{m_1 - m_2}{m_1 + m_2} v_1 + \dfrac{2m_2}{m_1 + m_2} v_2 \xrightarrow{m_1 = m_2} v_2 \\ v_2' = \dfrac{m_1 v_1 + m_2 v_2}{m_1 + m_2} - e\dfrac{m_1(v_2 - v_1)}{m_1 + m_2} \xrightarrow{e=1} \dfrac{2m_1}{m_1 + m_2} v_1 + \dfrac{m_2 - m_1}{m_1 + m_2} v_2 \xrightarrow{m_1 = m_2} v_1 \end{cases}$$

速度に質量をかけて運動量で表示すると次のようになります。

$$\begin{cases} m_1 v_1' = m_1 \dfrac{m_1 v_1 + m_2 v_2}{m_1 + m_2} + e\dfrac{m_1 m_2(v_2 - v_1)}{m_1 + m_2} \xrightarrow{e=1} \dfrac{m_1 - m_2}{m_1 + m_2} m_1 v_1 + \dfrac{2m_1 m_2}{m_1 + m_2} v_2 \\ \xrightarrow{m_1 = m_2 = m} mv_2 \\ m_2 v_2' = m_2 \dfrac{m_1 v_1 + m_2 v_2}{m_1 + m_2} - e\dfrac{m_1 m_2(v_2 - v_1)}{m_1 + m_2} \xrightarrow{e=1} \dfrac{2m_1 m_2}{m_1 + m_2} v_1 + \dfrac{m_2 - m_1}{m_1 + m_2} m_2 v_2 \\ \xrightarrow{m_1 = m_2 = m} mv_1 \end{cases}$$

質量 m_1 の方の球のエネルギーの増加分は次のようになります。

$$\Delta E(m_1) = \dfrac{1}{2} m_1 v_1'^2 - \dfrac{1}{2} m_1 v_1^2 = \dfrac{1}{2} m_1 (v_1'^2 - v_1^2)$$

$$= \dfrac{1}{2} m_1 \left\{ \left(\dfrac{m_1 v_1 + m_2 v_2}{m_1 + m_2} + e\dfrac{m_2(v_2 - v_1)}{m_1 + m_2} \right)^2 - v_1^2 \right\}$$

$$= \dfrac{1}{2} \dfrac{m_1 m_2 (v_2 - v_1)}{m_1 + m_2} (e+1) \left\{ v_1 + \dfrac{m_1 v_1 + m_2 v_2}{m_1 + m_2} + \dfrac{em_2(v_2 - v_1)}{m_1 + m_2} \right\}$$

$$\xrightarrow{e=1} \dfrac{2m_1 m_2}{(m_1 + m_2)^2} (m_1 v_1 + m_2 v_2)(v_2 - v_1) \xrightarrow{m_1 = m_2 = m} \dfrac{1}{2} m(v_2^2 - v_1^2)$$

$e=1$、$m_1 = m_2$ の場合はエネルギーの増加分に一致します。全体のエネルギーは保存されず、反発係数 e を使って次のように表されます。

$$\Delta E = \left(\dfrac{1}{2} m_1 v_1'^2 + \dfrac{1}{2} m_2 v_2'^2 \right) - \left(\dfrac{1}{2} m_1 v_1^2 + \dfrac{1}{2} m_2 v_2^2 \right) = \dfrac{m_1 m_2 (v_2 - v_1)^2}{2(m_1 + m_2)} (e^2 - 1)$$

$$\xrightarrow{e=1} 0$$

84

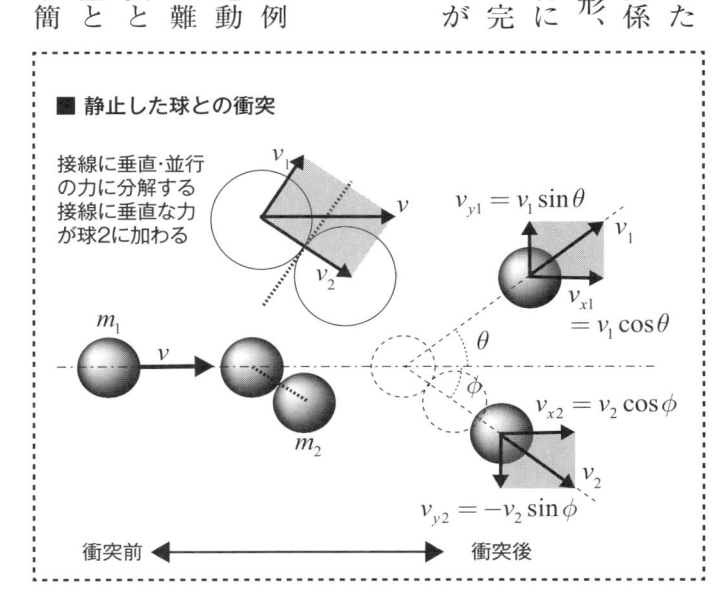

いる2つの球が反発係数 e で衝突した場合の計算を右頁に示します。反発係数の現れ方や、エネルギー損失の形、そしてそれらが完全弾性衝突の場合にどう変わるかを確認してください。完全弾性衝突の場合には、エネルギーが保存されます。

●ビリヤードの力学

この例も「数学編」で取り上げた例です。2次元平面上の衝突では、運動方向をどのように分解するかが少々難しいのですが、あとは直線状の衝突と同様です。完全弾性衝突では運動量とエネルギーの保存則で計算した方が簡

■ 静止した球との衝突

接線に垂直・並行の力に分解する
接線に垂直な力が球2に加わる

$v_{y1} = v_1 \sin\theta$

$v_{x1} = v_1 \cos\theta$

$v_{x2} = v_2 \cos\phi$

$v_{y2} = -v_2 \sin\phi$

衝突前 ◀━━━━━━▶ 衝突後

85　第2章　運動量とエネルギーはどう使う？

単です。

平面上で球1（質量m_1）が、速度v_1で静止している球2（質量m_2）に中心を外して衝突した場合は2方向の運動量保存則が成立します。この場合は、「運動エネルギーの保存則」を組み合わせる方が簡単です。

● 衝突後の両球は直角に分かれる

ここで「両球の質量が等しい」という条件を加えて整理するとビリヤードの球の衝突に当てはまり、「両球の衝突後の軌道がなす角度（分離角）が直角である」ということが導出できます（左頁）。

また下段に、中心からずらして突いた場合の剛体の回転運動の発生の事情を図解しました。

■ ビリヤードの変化球が生じるしくみ

● 中心を突く場合　● 中心から外れて突く場合

● 球の中心方向の成分　● 球表面の接線方向の成分
（直進方向の力）　　　（回転させる力）
$F\cos\theta$　　　　　　$F\sin\theta$

中心から角度θずれた点をキューで突くと、その力を「球の中心方向」と「球表面の接線方向」に分解した力がそれぞれ、球に直進運動と回転運動を与えます。回転運動は、剛体の運動（P.94参照）であり、キューと球の間の摩擦力によって生じます。

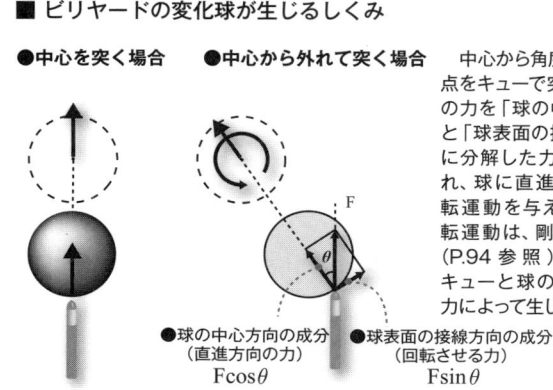

■ **衝突後の両球は直角に分かれる！**

$$\begin{cases} m_1 v = m_1 v_{x1} + m_2 v_{x2} & (x\text{方向の運動量保存則}) \\ 0 = m_1 v_{y1} + m_2 v_{y2} & (y\text{方向の運動量保存則}) \end{cases}$$

質量 m_1 の球の運動量 $\begin{cases} v_{x1} = v_1 \cos\theta \\ v_{y1} = v_1 \sin\theta \end{cases}$ $(0 < \theta < 90°)$

質量 m_2 の球の運動量 $\begin{cases} v_{x2} = v_2 \cos\phi \\ v_{y2} = -v_2 \sin\phi \end{cases}$ $(0 < \phi < 90°)$

$$\begin{cases} m_1 v = m_1 v_1 \cos\theta + m_2 v_2 \cos\phi & (x) \\ 0 = m_1 v_1 \sin\theta - m_2 v_2 \sin\phi & (y) \end{cases}$$

エネルギー保存則において $m_1 = m_2 = m$ とおくと

$$\frac{1}{2} m_1 v^2 = \frac{1}{2} m_1 v_1^2 + \frac{1}{2} m_2 v_2^2 \Rightarrow v^2 = v_1^2 + v_2^2$$

この関係から、速度の大きさが直角三角形を形成して衝突後は90°の角度を成して転がることがわかります。もうすこし見やすく考えるには、上の運動量保存則の式を平方して辺々足し合わせると次のようになります。

$$v^2 + 0 = v_1^2 + v_2^2 + 2v_1 v_2 \cos(\theta + \phi)$$

$$\therefore \cos(\theta + \phi) = 0$$

$$0° < \theta, \phi < 90° \Rightarrow 0° < \theta + \phi < 180° \Rightarrow \theta + \phi = 90°$$

この角度が直角

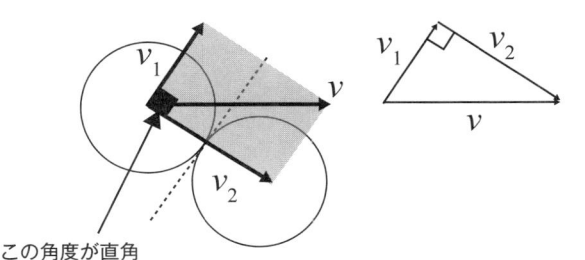

第2章　運動量とエネルギーはどう使う？

8 ロケットはどうやって飛ぶのか

●初期運動量がゼロの場合

前節で運動量保存の法則の使い方を述べましたが、この法則がもっともよく表れるのは最初の運動量がゼロの場合ではないでしょうか。

原子核が分裂する場合は、複数の破片の総運動量がたがいに打ち消すように破片が飛散します。大砲・拳銃が発射する際には、火薬の爆発力で砲弾・銃弾を発射します。そしてその反動が必ず生じます。本来は大砲の発射時には大砲は発射と逆方向に力を受けますが、無反動砲や拳銃・ライフルの衝撃吸収装置（スライド機構）などでは反動エネルギーを吸収します。

これらはすべて、最初の運動量はゼロであり、何らかの化学エネルギーや静止エネルギーが爆発を引き起こし、その時点で発生した運動エネルギーと運動量がその時点以降保存されます。これらの例の場合には、左図に示すように、運動量保存の法則が共通であり、非常に単純なものになります。そして速度比が質量の逆比になります。

■ 初期運動量がゼロの場合

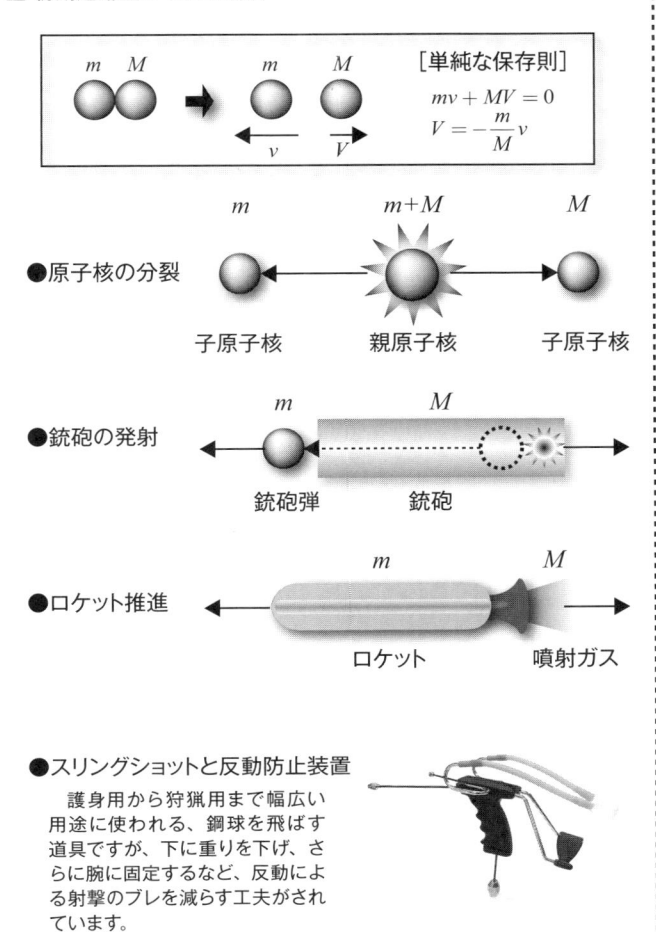

m M → m M
←v V→

[単純な保存則]
$$mv + MV = 0$$
$$V = -\frac{m}{M}v$$

● 原子核の分裂

m　　$m+M$　　M
子原子核　親原子核　子原子核

● 銃砲の発射

m　　M
銃砲弾　銃砲

● ロケット推進

m　　　M
ロケット　噴射ガス

● スリングショットと反動防止装置

　護身用から狩猟用まで幅広い用途に使われる、鋼球を飛ばす道具ですが、下に重りを下げ、さらに腕に固定するなど、反動による射撃のブレを減らす工夫がされています。

89　第2章　運動量とエネルギーはどう使う？

ロケットも同様に、燃料を燃焼させた噴射ガスを後方に噴き出して前進します。しかし、燃焼するにつれて飛行体の重量が軽くなるので若干事情が異なります。これを考えるには微分方程式を解かなければなりません。そしてその計算結果は、かなり意外なものであり、運動量保存の法則の最大の成果かもしれません。

● ロケット推進のしくみ

ロケット推進の場合、「質量mのロケットが質量Mの噴射ガスを後方に噴射して前進する」というようなわけにはいきません。噴射によってロケットの質量mが減少するのです。微少時間Δtの間にロケットの質量Δmが減少して速度Δvが増加すると考えます。以降の計算を左頁に示します。この理論は「ロケットの父」といわれるツィオルコフスキーが1897年に発表したものです。

ロケットの場合は燃料がロケットの重量の大半を占めます。左頁下段の計算では、日本の最新鋭の液酸液水ロケットエンジンLE—7A1基で50トンのペイロードを、第1宇宙速度（P50参照）に加速するためには、なんと264トンもの燃料が必要になります（ふつうは複数基のエンジンを使用します）。

■ ロケット推進のしくみ

● ロケット推進

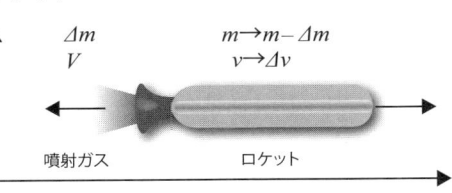

噴射ガス　　ロケット

Δm, V
$m \to m - \Delta m$
$v \to \Delta v$

● 運動量保存則　　$(m - \Delta m)\Delta v + \Delta m \cdot V = 0$

$\Delta m \Delta v$ は非常に小さいので無視します。

$m\Delta v = -\Delta m \cdot V \quad (\Delta v \Delta m \ll 1)$

$\Delta v = -\dfrac{\Delta m}{m}V$

● 微分方程式　　$dv = -\dfrac{dm}{m}V$

残念ながらこの微分方程式の積分も高校物理の範囲を超えます。

$v = \int_0^t \dfrac{dv}{dt}dt = -V\int_{m_0}^m \dfrac{dm}{m} = -V[\log m]_{m_0}^m = V\dfrac{\log m_0}{\log m}$

$v = V\dfrac{\log m_0}{\log m} \Leftrightarrow m_0 = me^{\frac{v}{V}}$

この最後の式が「ツィオルコフスキーの公式」であり、Vを噴射ガスの噴射速度、m_0を打ち上げ時の重量、mをロケット重量とすると、次の関係が成立します。

$$\text{速度} = \text{ガスの噴射速度} \times \log \dfrac{\text{打ち上げ時重量}}{\text{ペイロード重量}}$$

$$\text{打ち上げ時重量} = \text{ペイロード重量} \times \exp \dfrac{\text{速度}}{\text{ガスの噴射速度}}$$

噴射ガス速度は「比推力」と「重力加速度」の積であり、次式で求めます。

$v_{gas} = I_{sp} g = 440s \times 9.8m/s^2 = 4.3km/s$

$\begin{cases} \Delta V = 7.9 km/s \text{（第1宇宙速度）} \\ m_P = 50 ton \quad \text{（ペイロード重量）} \end{cases} \Rightarrow m_0 = 50 \cdot \exp\left(\dfrac{7.9}{4.3}\right) = 314$

$m_F \text{（燃料重量）} = m_0 - m_P = 314 - 50 = 264(84\%)$

■ 物理Ⅰ・Ⅱと理科基礎や理科総合A・Bの関係

　こんな図を描くと専門家にお叱りを受けるかもしれませんが、とにかくこれらの関係は複雑なので、とりあえずはこんな図で読者諸兄は最初のイメージを思い描いてください。中学の物理は「中学理科第1分野」に含まれ、高校理科の「理科基礎」には科学史とともに理科4科目の基礎的な内容が含まれます。「理科総合A」は、「エネルギーと物質の構成・変化といった内容を中心として自然現象について理解を深める」という科目であり、「理科総合B」は、「生命と地球の移り変わりと多様な生物と自然界のつながりについて理解を深める」という科目です。

　たとえば理科総合Aが、「物理Ⅰ」「化学Ⅰ」と内容が重複しているのではないか、不要なのではないかという批判もありました。このようなことも、基礎理科や理科総合A・Bが姿を消した原因かもしれません。

　著者が高校生のころ（昭和40年代後半）は、普通高校にはまだ科目選択制はなく、文系・理系のクラス分けもなく、1年で「生物」と「地学」、2年と3年で「物理」と「化学」を学んだものですが、現在の学習指導要領にしたがうと、理科基礎が入って代わりに理科4科目のいずれかがはじき出される状況になっています。

　しかし、当時の高校には普通科・商業科・工業科くらいしかなかったのですが、最近は多岐にわたる学科が登場しているので、生徒のレベルや学科の内容によって選択肢の幅が広がり、柔軟なカリキュラムが組めるようになっていることも確かです。

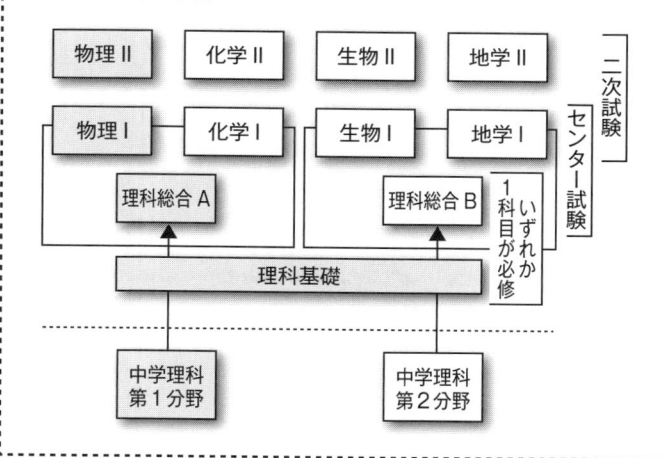

第3章
高校物理に復活する角運動量はどう使う？

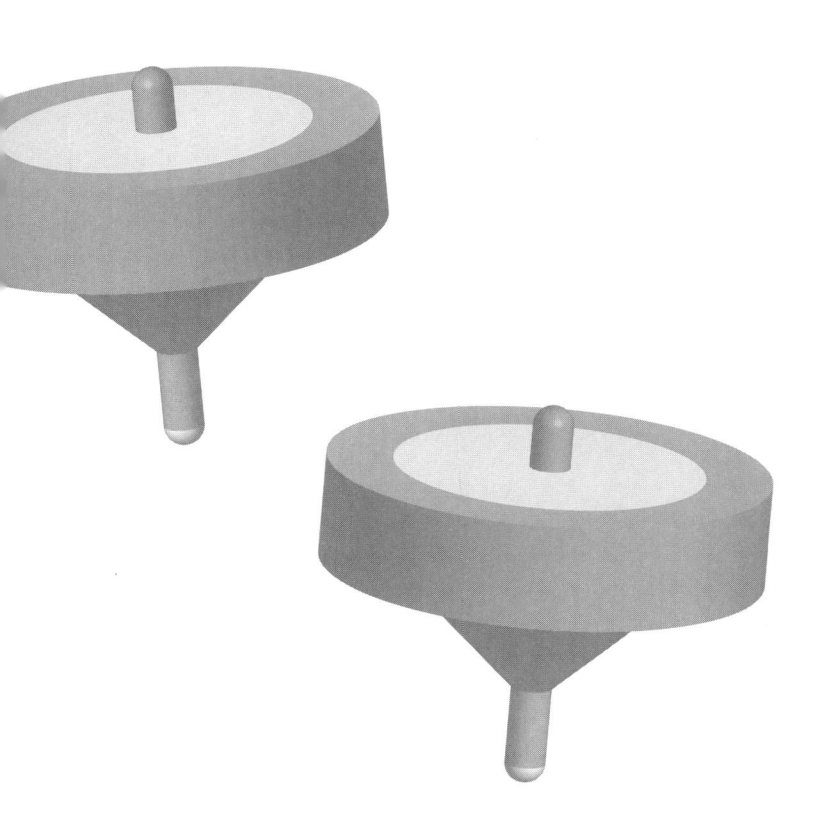

1 2012年から高校物理に復活する角運動量

●角運動量とは何か

運動量は直線運動における「速度×質量」ですが、回転運動においても同様のものが考えられます。これが「角運動量」であり、速度の代わりに角速度、質量の代わりに「慣性モーメント」を使って、「角速度×慣性モーメント」と定義されます。

この概念は以前は高校物理に含まれていましたが、1973年施行の学習指導要領によって高校の物理から消え、39年ぶりに2012年施行の学習指導要領にしたがった「物理」（4単位）で復活します（P114参照）。

大学の物理では突然「質点」「質点系」「剛体」の区分が現れます。これにはとても違和感を感じたものでした。高校では次の分野を学習します。

○質点の力学‥ほぼすべて（単振動は質点の場合のみ）
○質点系の力学‥主にエネルギーと運動量の保存（惑星運動の動力学は含まない）
○剛体の力学‥現行では静力学だけ、新学習指導要領では動力学／角運動量も含む

● 剛体とは何か

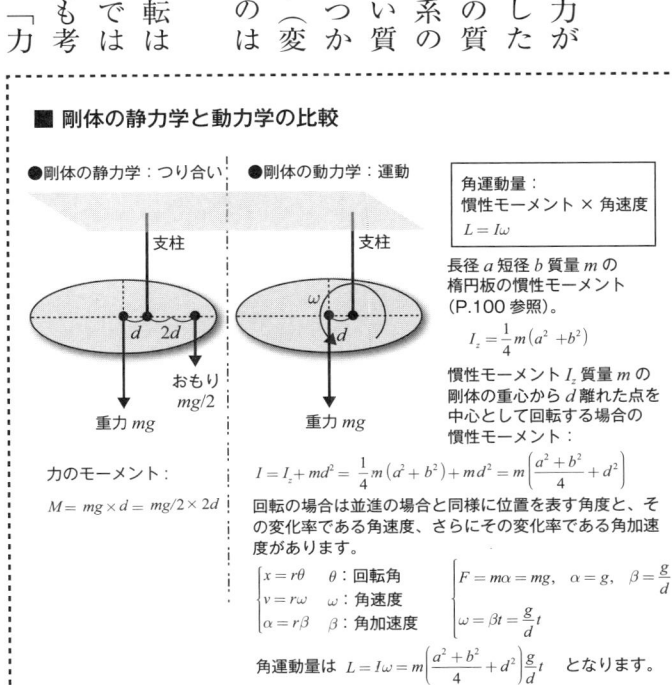

ニュートン力学は質点に力が働くと考えて構築されましたが、その拡張として、複数の質点をあつかう力学が「質点系の力学」であり、「変形しない質点系」が「剛体」、これをあつかうのが「剛体の力学」です(変形する質点系をあつかうのは「弾性体の力学」)。

質点の力学では質点の回転は考えませんが、剛体の力学では直線運動に加えて回転運動も考えます。剛体の静力学では「力

■ 剛体の静力学と動力学の比較

● 剛体の静力学：つり合い ● 剛体の動力学：運動

力のモーメント：
$M = mg \times d = mg/2 \times 2d$

角運動量：
慣性モーメント × 角速度
$L = I\omega$

長径 a 短径 b 質量 m の楕円板の慣性モーメント（P.100参照）。
$$I_z = \frac{1}{4}m(a^2 + b^2)$$

慣性モーメント I_z 質量 m の剛体の重心から d 離れた点を中心として回転する場合の慣性モーメント：

$$I = I_z + md^2 = \frac{1}{4}m(a^2+b^2) + md^2 = m\left(\frac{a^2+b^2}{4} + d^2\right)$$

回転の場合は並進の場合と同様に位置を表す角度と、その変化率である角速度、さらにその変化率である角加速度があります。

$\begin{cases} x = r\theta & \theta：回転角 \\ v = r\omega & \omega：角速度 \\ \alpha = r\beta & \beta：角加速度 \end{cases}$
$\begin{cases} F = m\alpha = mg, \ \alpha = g, \ \beta = \dfrac{g}{d} \\ \omega = \beta t = \dfrac{g}{d}t \end{cases}$

角運動量は $L = I\omega = m\left(\dfrac{a^2+b^2}{4} + d^2\right)\dfrac{g}{d}t$ となります。

95　第3章　高校物理に復活する角運動量はどう使う？

「のつり合い」だけを考えますが、剛体の動力学では、つり合わない場合に剛体が回転する角速度と慣性モーメントを考えます。剛体の静力学と動力学の比較を前頁下段にまとめます。

●剛体のつり合いとはどういうものか

真っ先に高校物理から削られただけあって、計算が若干複雑ですが、「棒を持ち上げる」という簡単な例を紹介しておきます。

まず1本の棒の一端を持ち上げる場合を考えます。これが剛体の静力学です。地面についている点における摩擦力は十分に大きく、滑らないものとします。この場合に、クレーンで垂直に持ち上げる場合の力はどれくらいでしょうか。一端が地面についてるので、左頁のように力のモーメントのつり合いを計算して、棒の重さの半分であることがわかります。持ち上げるクレーンではなく人力で押し上げる場合の角度はいくらでしょうか。押し上げていって角度が45度の場合にもっとも大きな力が必要、というのは実際の経験値に符合することでしょう。これが力のモーメントの計算から得られます。

96

■ 剛体の静力学の例

●クレーンで真上に引き上げる場合

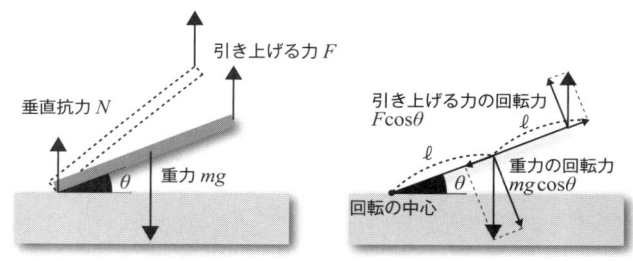

力のモーメントのつりあい：

$F\cos\theta \cdot 2\ell - mg\cos\theta \cdot \ell = 0$

$F = mg/2$

●人力で押し上げる場合

人力で押し上げる場合には、上の場合とは異なり、押し上げる力はつねに棒に垂直であり、その力はすべて回転力に振り向けられます。その高さはつねに一定の h です。

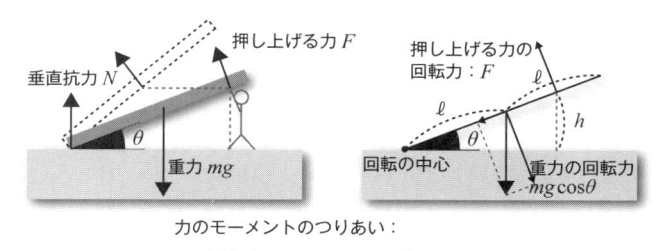

力のモーメントのつりあい：

$F \cdot h/\sin\theta - mg\cos\theta \cdot \ell = 0$

$F = \ell/h \cdot mg\sin\theta\cos\theta = \ell/2h \cdot mg\sin 2\theta$

$\sin 2\theta$ は $\theta = 45°$ で最大値 1 をとるので、押し上げる力 F は $\theta = 45°$ で最大値 $\ell/2h \cdot mg$ をとる

●剛体の回転とはどういうものか

次に、持ち上げる力が不足して、その力が最大の瞬間（$\theta=45$度）に落としてしまった場合の棒の角速度を求めてみましょう。剛体の場合は、「位置エネルギー＋運動エネルギー＋回転エネルギー」の合計が保存されます。そして剛体の回転エネルギーは「慣性モーメント×角速度の2乗の1/2」で定義されます。剛体の回転エネルギーは、左頁上段に示すように、「重心の周りの運動エネルギー」に他なりません。

慣性モーメントは、質点に重心からの距離の2乗を重みとしてかけ合わせて合計したものです。したがって、重心ではない支点を回転中心として回転する場合は、回転中心から見た重心の慣性モーメントを加えなければなりません。この公式は「平行軸の定理」と呼ばれます。慣性モーメントは積分して計算します（P100参照）。

左頁に、斜めの棒が回転して倒れる場合にエネルギー保存則から角速度を求める計算を示しました。これに支点から重心までの距離をかけると、重心が地面にぶつかる速度が得られます。この場合、「支点の周りの回転エネルギー」は「重心の周りの回転エネルギー」と「重心の運動エネルギー」の合計です。

■ 剛体のエネルギー保存

剛体の場合は、位置エネルギー、運動エネルギー、回転エネルギーの合計が保存されます。これは、回転エネルギーを、重心の周りを回転する運動エネルギーと考えればわかりやすいと思います。

$$E = mgh + \frac{1}{2}mv^2 + \frac{1}{2}I\omega^2 \quad \left(I = \int r^2 dm\right)$$

$$= \quad mgh \quad + \quad \frac{1}{2}m(r\omega)^2 \quad + \quad \frac{1}{2}\int(r\omega)^2 dm$$

　　（位置エネルギー）（運動エネルギー）（回転エネルギー）

慣性モーメントは質量に重心からの距離の2乗の重みをかけて合計したものですから、次のような計算でも、質点の運動エネルギーが回転エネルギーとして現れていることがわかると思います。

$$E_I = \sum_i \frac{1}{2}m_i v_i^2 = \sum_i \frac{1}{2}m_i (r_i\omega)^2 = \left(\sum_i \frac{1}{2}m_i r_i^2\right)\omega^2 = I\omega^2$$

垂直抗力 N

重力 mg

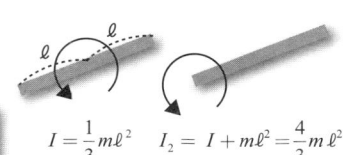

$$I = \frac{1}{3}m\ell^2 \quad I_2 = I + m\ell^2 = \frac{4}{3}m\ell^2$$

上のような、棒が回転して倒れた場合の角速度を求めます。この場合には、「位置エネルギー＋支点の周りの回転エネルギー」が保存され、それ以外の運動エネルギーの考慮は不要です。端点の周りの慣性モーメントは、重心の周りの力のモーメントに、端点から見た重心の慣性モーメントをあわせたものになります（平行軸の定理）。

$$E = mg\ell\cos\theta = \frac{1}{2}I_2\omega^2 = \frac{1}{2}\cdot\frac{4}{3}m\ell^2\omega^2 = \frac{2}{3}m\ell^2\omega^2 \Rightarrow \omega = \sqrt{\frac{3}{2\ell}g\cos\theta}$$

下の計算で、「支点の周りの回転エネルギー」が「重心の周りの回転エネルギー」と「重心の運動エネルギー」の和であることがわかります。

$$\frac{1}{2}I_2\omega^2 = \frac{1}{2}\left(\frac{1}{3}m\ell^2 + m\ell^2\right)\omega^2 = \frac{1}{2}I\omega^2 + \frac{1}{2}m(l\omega)^2 = \frac{1}{2}I\omega^2 + \frac{1}{2}mv^2$$

（支点の周りの　　　　　　　　　　　　　　　　　（重心の周りの）（重心の運動
　回転エネルギー）　　　　　　　　　　　　　　　　回転エネルギー）　エネルギー）

2 慣性モーメントの求め方

●簡単なものは高校数学の範囲内

慣性モーメントは、質量に回転中心からの距離の2乗を重みとして掛け合わせて合計します。左頁に簡単なものの計算例を示します。

回転軸に平行な質量分布は慣性モーメントに影響を与えないということが重要です。

主に高校で使われる慣性モーメントは下に示すものです。左頁の計算には数Ⅲ以降の積分が使われるので、新学習指導要領の「物理」では、おおむね「計算結果を覚える」という方向で提示されるものと思われます。

■ 高校物理で使われる代表的な慣性モーメント

●質量 m、半径 a の円環の慣性モーメント
$$I = ma^2$$

●質量 m、半径 a の円板の慣性モーメント：
$$I = \frac{1}{2}ma^2$$

●質量 m、長さ $2a$ の棒の重心周りの慣性モーメント：
$$I = \frac{1}{3}ma^2$$

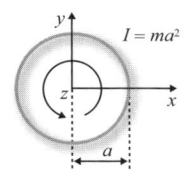

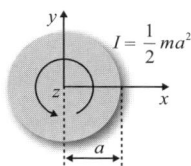

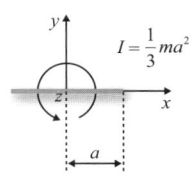

●長径 a 短径 b 質量 m の楕円板の慣性モーメント
$$I_z = \frac{1}{4}m(a^2 + b^2)$$

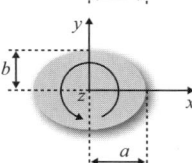

これは円盤の計算の応用ですが、a^2 を半分に分けて半分の a を b に替えると考えるとわかると思います。正確には少し複雑な積分の計算が必要になります。

■ 慣性モーメントの計算

●質量 m、半径 a の円環の慣性モーメント
これが $I = ma^2$ であることはほぼ自明でしょう。

●質量 m、半径 a の円板の慣性モーメント
まず、質量 m、半径 a、高さ h、密度 ρ の円柱の慣性モーメントを計算します。そのためには、右図に示す厚さdrの薄い中空円柱の慣性モーメントを積分します。

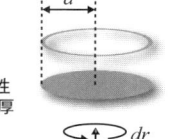

$$I = \int_0^a r^2 \cdot \overbrace{h\,(2\pi r)\rho dr}^{\text{外周 } 2\pi r \text{、幅 } dr,\ \text{高さ}h\text{、密度 } \rho \text{ の円柱}} = 2\pi\rho h \int_0^a r^3 dr = 2\pi\rho h \left[\frac{1}{4}r^4\right]_0^a$$

$$= 2\pi\rho h \cdot \frac{1}{4}a^4 = (\rho \cdot \pi a^2 h) \cdot \frac{1}{2}a^2 = \frac{a^2}{2}m$$

この結果には高さ h が含まれません。回転軸に平行な高さは慣性モーメントには影響しないことがわかります。この結果から、質量 m、半径 a の円環の慣性モーメントが $I = ma^2$ であることも確認できます。

$$I = \int_a^b r^2(2\pi r)h\rho dr = 2\pi\rho h \int_a^b r^3 dr = 2\pi\rho h \left[\frac{1}{4}r^4\right]_a^b = 2\pi\rho h \cdot \frac{1}{4}(b^4 - a^4)$$

$$= \left\{\rho \cdot \pi(b^2 - a^2)h\right\} \cdot \frac{1}{2}(b^2 + a^2) = \frac{a^2 + b^2}{2}m \xrightarrow{b=a} ma^2$$

●質量 m、長さ $2a$ の棒の慣性モーメント
まず縦横高さが$2a, 2b, 2c$ の直方体のz軸回りの慣性モーメントを計算します。

$$I = \int_{-b}^{b}\int_{-a}^{a} r^2 \cdot \underbrace{2c\,\rho dxdy}_{\text{小直方体の質量}} = 2\rho c \int_{-b}^{b}\int_{-a}^{a}(x^2 + y^2)dxdy$$

二重積分自体は大学の数学の範囲ですが、この計算はまず内側、次に外側の積分を行う簡単なものです。

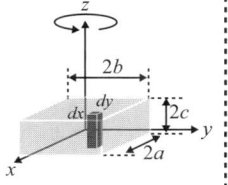

$$\int_{-a}^{a}(x^2 + y^2)dx = 2\left[\frac{1}{3}x^3 + xy^2\right]_0^a = \frac{2}{3}a^3 + 2ay^2$$

$$I = 2\rho c \int_{-b}^{b}\left(\frac{2}{3}a^3 + 2ay^2\right)dy = 4\rho c\left[\frac{2}{3}a^3 y + 2a\frac{1}{3}y^3\right]_0^b = \frac{8\rho c}{3}ab(a^2 + b^2)$$

$$= 8\rho abc \cdot \frac{1}{3}(a^2 + b^2) = \frac{1}{3}(a^2 + b^2)m$$

ここでも高さ $2c$ は消えます。ここで$b=0$とすると、長さ $2a$ の棒の慣性モーメント $\frac{1}{3}ma^2$ が得られます。

3 角運動量保存の法則はどう使う

●角運動量の変化は回転を変える力のみで実現する

物理学の法則の中で、この保存則ほど身の回りで活用されているものは他にはないのではないでしょうか。それくらい重要な法則なのに、慣性モーメントの計算に積分が必要なことなどの理由からでしょうか、「ゆとり教育」の最盛期に高校物理から外されてしまったことが残念でなりません。

運動量の保存則は、ダンプカーや電車がなかなか止まらない、という場面で登場しますが、あまり活用する方法はありません。しかし「角運動量＝角速度×慣性モーメント」には大きな距離が不要なので、「回るものはなかなか止まらない」という現象は広く利用されています。身の回りの応用例をこれから延々と列挙して見ましょう。

●フィギュアスケートのスピンのしくみ

フィギュアスケーターが両腕を振って回転を起こし、その両腕を上にかかげて美し

お手数ですが、ご意見をお聞かせください。

この本のタイトル		
お住まいの都道府県	お求めの書店	男・女 歳
ご職業　　会社員　会社役員　自家営業　公務員　農林漁業 　　　　　医師　教員　マスコミ　主婦　自由業（　　　　　） 　　　　　アルバイト　学生　その他（　　　　　　　　　）		

本書の出版をどこでお知りになりましたか?
①新聞広告（新聞名　　　　　　　　　）②書店で　③書評で　④人にすすめられて　⑤小社の出版物　⑥小社ホームページ　⑦小社以外のホームページ

読みたい筆者名やテーマ、最近読んでおもしろかった本をお教えください。

本書についてのご感想、ご意見（内容・装丁などどんなことでも結構です）をお書きください。

どうもありがとうございました

実業之日本社のプライバシー・ポリシー（個人情報の取扱い）は、
以下のサイトをご覧ください。http://www.j-n.co.jp/

郵便はがき

1 0 4 - 8 2 3 3

| お手数でも 郵便切手 をお貼り ください |

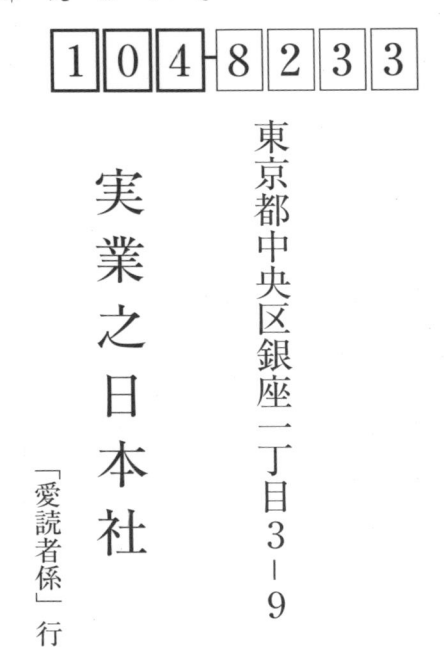

東京都中央区銀座一丁目3-9

実業之日本社

「愛読者係」行

ご住所 〒

お名前

メールアドレス

ご記入いただきました個人情報は、所定の目的以外に使用することはありません。

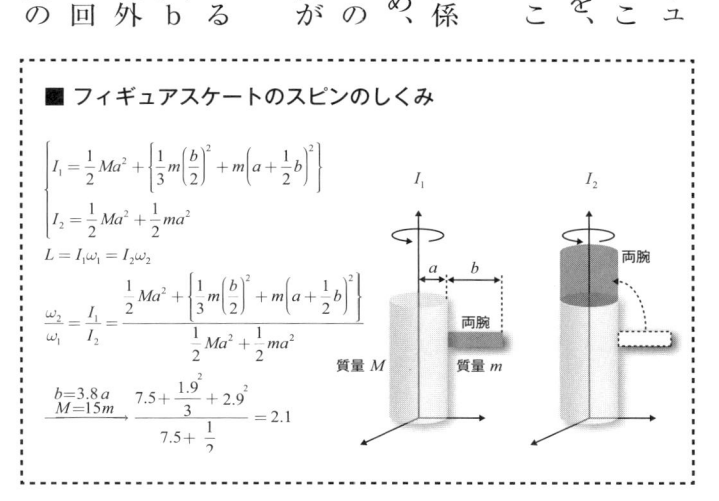

いスピンを観衆にささげるシーンは、フィギュアスケートの1つの華といえるでしょう。これは、両腕が起こした小さな回転の角速度を、両腕を縮めることによって大きくしていることに相当します。

両腕を上にかかげることで、高さは無関係ですが、慣性モーメントを回転の中心に集め、最小にしています。角運動量が保存されるので、慣性モーメントが小さくなると角速度が大きくなるのです。

ではスピンの回転速度はどれくらい上がるでしょうか。腕の長さが体の幅の1.9倍（b＝3.8a）でスケーターの腕の重さが腕以外の体重の1/15（M＝15m）の場合には、回転速度が約2.1倍になります（下図）。腕の

■ フィギュアスケートのスピンのしくみ

$$\begin{cases} I_1 = \frac{1}{2}Ma^2 + \left\{\frac{1}{3}m\left(\frac{b}{2}\right)^2 + m\left(a+\frac{1}{2}b\right)^2\right\} \\ I_2 = \frac{1}{2}Ma^2 + \frac{1}{2}ma^2 \end{cases}$$

$$L = I_1\omega_1 = I_2\omega_2$$

$$\frac{\omega_2}{\omega_1} = \frac{I_1}{I_2} = \frac{\frac{1}{2}Ma^2 + \left\{\frac{1}{3}m\left(\frac{b}{2}\right)^2 + m\left(a+\frac{1}{2}b\right)^2\right\}}{\frac{1}{2}Ma^2 + \frac{1}{2}ma^2}$$

$$\xrightarrow[M=15m]{b=3.8a} \frac{7.5 + \frac{1.9^2}{3} + 2.9^2}{7.5 + \frac{1}{2}} = 2.1$$

位置を変えるだけで角速度が変わるのです。

● 中性子星の超高速回転は角運動量保存による

　話が突然大きくなりますが、中性子星が超高速で回転している理由もフィギュアスケートのスピンと同じです。

　太陽質量の10倍以上の恒星は、その寿命を終えた後で、超新星爆発を起こします。核融合による膨張力より重力による収縮力が勝った結果、急激に収縮して「中性子星」が生成されます。

　重力崩壊によって超高密度に圧縮された結果、恒星サイズの角運動量が中性子星の自転に転化され、「1秒間に数回から千回程度」の超高速で自転しています。

■ **中性子星が超高速回転している理由**

太陽質量の10倍以上の質量を持つ恒星は、超新星爆発の後に太陽の10^{14}倍以上の密度を持つ「中性子星」を生成します（太陽質量の30倍以上の恒星は、生成した中性子星が重力崩壊を起こしてブラックホールを生成します）。

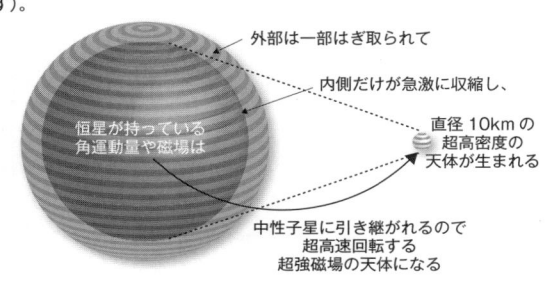

恒星が持っている角運動量や磁場は

外部は一部はぎ取られて

内側だけが急激に収縮し、

直径10kmの超高密度の天体が生まれる

中性子星に引き継がれるので超高速回転する超強磁場の天体になる

● 回転するものは安定する

もっとも身近な話は「自転車は速く走っているほど倒れにくい」という例でしょう。角速度はベクトルで表されるのですが、角運動量が保存されるため、このベクトルは少しくらい力を加えても倒れない、速く回転しているほど倒れにくいのです。

一輪車の場合は角速度ゼロの前後で乗るので、角運動量保存による安定性をあてにできないのも一輪車を乗りこなしにくい原因でしょう。

● 電力を貯蔵する

フライホイールとは、「はずみぐるま」のことであり、回転することでエネルギーを保存する

■ 往復運動は回転運動に変換できる

ガソリンエンジンでは、燃料吸気、圧縮、点火、爆発、排気のサイクルを繰り返してピストンが往復運動を行い、この往復運動をクランクによって回転運動に変えます。このしくみに一瞬悩んだのですが、下図のポジションからピストン運動を開始すると、往復運動が自然に回転運動に変換されます。ミシンの場合も同様です。▷◁のポジションでは、角運動量が保存されているために回転が継続します。

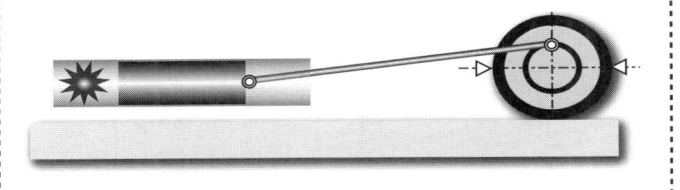

装置です。ついにフライホイールを搭載したスポーツカーが2010年に登場しました。

これは、「電池を使わないレース専用ハイブリッドカー」であり、バッテリーの代わりに、「エレクトリカルフライホイールパワージェネレーター」(以下「フライホイールジェネレーター」)が、モーターに電源を供給します。これは、最高毎分4万回転で回転するフライホイールに電動機兼発電機や電気制御回路を組み合わせたものです(左頁参照)。

ブレーキング時に2基のモーターが発電機として作動して、フライホイールジェネレーターを回転させてエネルギーを蓄え、コーナー脱出時や追い越しなどで利用します。レースで培った技術を公道用のスポーツカーの開発に生かすのが目的です。

この他、下段コラムで、回生ブレーキの電力をフライホイールに貯蔵している例を紹介します。

■ **フライホイールを用いた電力貯蔵の例**

右図は京浜急行のフライホイール式電車線電力蓄勢装置であり、鉄道の回生電力を貯蔵して有効活用しています。

1981年に瀬戸変電所に試験的に設置され、1988年に逗子線神武寺駅〜新逗子駅間に新設し運転を開始しました(瀬戸変電所からは撤去済み)。

(画像提供:京浜急行電鉄)

■ ポルシェ911GT3R ハイブリッドとフライホイールジェネレーター

● ポルシェ911 GT3R

● ポルシェ911 GT3Rの内部構造

● ポルシェ911 GT3Rのフライホイールジェネレーター

(出典：ポルシェ本社HP、
http://www.porsche.com/microsite/intelligent-performance)

4 「はやぶさ」の姿勢制御

●姿勢制御・宇宙航行のしくみ

地球を周回する人工衛星も、「はやぶさ」などの宇宙探査を行う宇宙探査機（合わせて「宇宙機＝スペースクラフト」と呼びます）も、極めて精密な姿勢制御を必要としています。

これら宇宙機は、太陽、地球や参照する恒星の方向をセンサーで把握して正しい方向に向けておかなければ、地球との無線交信ができなくなったり、太陽光発電ができなくなったり、正しい方向にガスを噴射して宇宙を航行することができなくなったりします。

姿勢制御系のうち、姿勢制御を実行する「力

■ 姿勢制御系のしくみ

宇宙機の姿勢制御サブシステムは、基本的には次の3つの要素で構成されます。

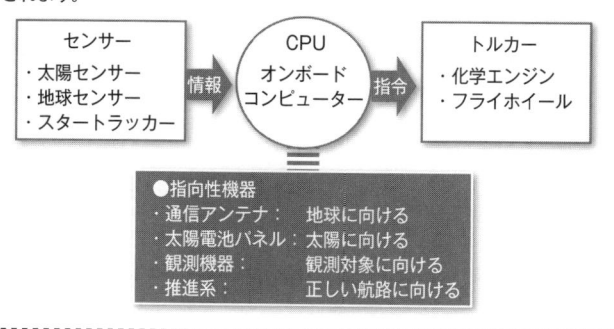

センサー		CPU		トルカー
・太陽センサー ・地球センサー ・スタートラッカー	→情報→	オンボード コンピューター	→指令→	・化学エンジン ・フライホイール

●指向性機器
・通信アンテナ：　　地球に向ける
・太陽電池パネル：　太陽に向ける
・観測機器：　　　　観測対象に向ける
・推進系：　　　　　正しい航路に向ける

を生み出す機器を「トルカー」といい、これには化学エンジンやフライホイール（はずみぐるま）が使われます（右頁下段図参照）。また宇宙航行を受け持つ推進系には、化学エンジンやイオンエンジンが使われます（「はやぶさ」は主にイオンエンジンを使用しました）。

● 作用・反作用の法則を利用

宇宙機は、作用・反作用の法則を利用して姿勢制御・宇宙航行を行います。化学エンジンやイオンエンジンはガスを噴射してその逆方向に進んだり宇宙機を回転させたりします。

静止しているフライホイールを回転させると、回転する方向と反対の方向に宇宙機が回転します。これは「ゼロモーメンタム方式」

■ リアクションホイールとモーメンタムホイールの運用方法

リアクションホイールとモーメンタムホイールは、大きさは異なりますがほぼ同じ機能をもつもので、「はやぶさ」では、リアクションホイールを、両方の方式で運用する必要が生じました。

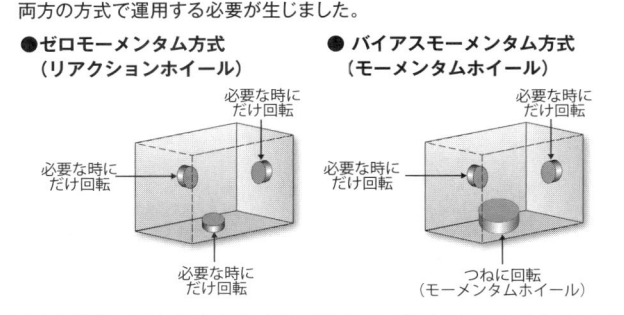

● ゼロモーメンタム方式
（リアクションホイール）

必要な時にだけ回転
必要な時にだけ回転
必要な時にだけ回転

● バイアスモーメンタム方式
（モーメンタムホイール）

必要な時にだけ回転
必要な時にだけ回転
つねに回転
（モーメンタムホイール）

（モーメンタム＝運動量）と呼び、このように運用するフライホイールを「リアクションホイール」（RW、反動ホイール）と呼びます。

これに対してフライホイールを常時回転させる運用方式を「バイアスモーメンタム方式」（一定方向のモーメンタムを持つ）と呼び、このように運用するフライホイールを「モーメンタムホイール」（MW）と呼びます（前頁図参照）。

●2種類の衛星と2つの姿勢制御方式

小型衛星では、衛星全体はつねに回転させてアンテナなどだけを目標に向ける「スピン姿勢制御方式」が使われ、大型衛星や宇宙探査機の場合は、衛星全体は回転させずRWやMWを使って姿勢を制御する「三軸姿勢制御

■ **スピン姿勢制御方式／バイアスモーメンタム方式で姿勢が安定する理由**

回転しているコマは、少しくらい力を加えても倒れません。これは「角運動量が保存される」ためです。この現象を利用して宇宙機の姿勢を安定化させるのがスピン姿勢制御方式とバイアスモーメンタム方式であり、コマと同様に、回転させておくと少しくらい力が加えられても回転軸が傾くことはありません。

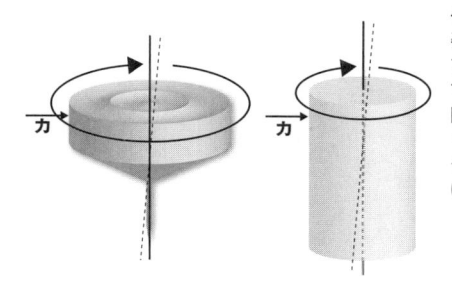

方式」が使われます。

この中で、スピン姿勢制御方式は衛星全体の大きな慣性モーメントを、MWを使った三軸姿勢制御方式はMWの高速回転を利用して大きな角運動量を利用しています（右頁下図および下図参照）。これらは、角運動量保存の法則を積極的に活用した例です。

ここで「はやぶさ」の苦難をご紹介しておきましょう。「はやぶさ」は、ほぼすべての姿勢制御機器が故障しました。これは基本的にフライホイールをRWとして利用する設計でしたが、数々の故障の結果、1基を一時的にMWとして利用しました。また、バッテリーの消耗を避け、電力消費を削減するために一時的にスピン姿勢制御方式も使用しました。

■ 2種類の衛星システム

● INTELSAT-4 までと -6 は
スピン姿勢制御方式を採用
（低コスト）

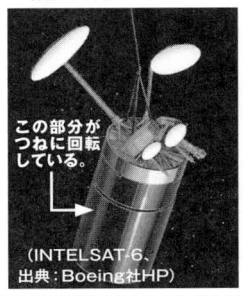

この部分がつねに回転している。

（INTELSAT-6、出典：Boeing社HP）

● INTELSAT-5 と 7 以降は
三軸姿勢制御方式を採用（大型太陽電池パネルを搭載でき大電力を利用可能）

回転体は構体の内部にあり、構体自体は回転しない

（INTELSAT-7、出典：Space Systems/Loral 社HP）

5 突然太陽が消えたら地球の角運動量はどうなるか

● 直線運動の角運動量とは？

「突然太陽が消滅した場合、地球はどのような運動をするのか」という問題は、一般相対性理論において問われる問題であり、アインシュタインは、地球が太陽の周りの周回運動を止めるまでに8分以上かかると考えました。これは重力波（空間の歪み）が地球に伝わるのは光速と同じ速さであるためです。ここで述べるのはそんなむずかしい話ではなく、次の2つの問題が表す、同じ命題です。

○太陽が突然消滅した場合、地球の角運動量は保存されるのか
○重りを付けて振り回すひもが切れると角運動量は保存されるのか

ここで述べたいことは、「直線運動でさえも、角運動量を保存する」ということです。それを左頁で解説します。いずれの場合も、ある時点で遠心力が消滅し、その時点からその時点の速度で等速直線運動を始めますが、この運動でも角運動量が保存されているのです。

112

■ 突然太陽が消えた場合の地球の角運動量

もっとも簡単な考え方は右図のように、ある一点で束縛が失われて直線運動を開始しても、元の向心力（遠心力の抗力）の中心からの距離は不変であり、角運動量 mrv は変わらないという考え方です。もう1つの考え方は、角運動量のベクトルを定義する方法です。この方が正確で理論的なのでここで解説しておきます。この考え方には「ベクトルの外積」が必要です。これは後に「フレミングの左手の法則」でも登場するのですが、ここで最初に解説しておきます。

角運動量のベクトルは、位置ベクトルと運動量ベクトルの外積として定義されます。運動量ベクトルを x 軸方向の mv、運動量ベクトルまでの距離を y 軸方向の r、とすると、角運動量ベクトルは z 軸のマイナス方向を向いた mrv となり、これは回転軸をそろえた右ネジが進む方向を指します。このベクトルは、束縛力が消滅しても一定のままなので、角運動量は保存されます。

ここで角運動量ベクトル L を時間で微分すると、同一ベクトルの外積は 0 となるので、角運動量ベクトルの微分は回

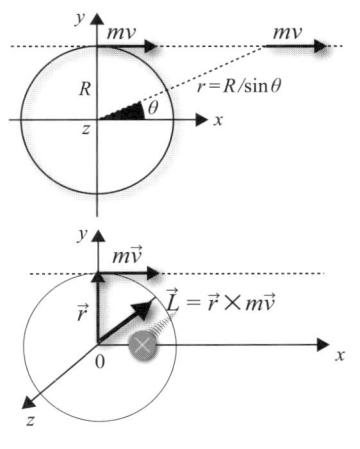

● ベクトルの外積の定義

$$\begin{cases} \vec{a} = (a_x, a_y, a_z) \\ \vec{b} = (b_x, b_y, b_z) \end{cases}$$

$\vec{a} \times \vec{b} = (a_y b_z - a_z b_y, a_z b_x - a_x b_z, a_x b_y - a_y b_x)$

● 角運動量のベクトル

$$\begin{cases} \vec{r} = (0, r, 0) \\ m\vec{v} = (mv, 0, 0) \end{cases}$$

$\vec{r} \times m\vec{v} = (0, 0, -mrv)$ （ベクトルが一定）

● 角運動量ベクトルの時間変化

$\vec{L} = \vec{r} \times m\vec{v}$

$\dfrac{d}{dt}\vec{L} = \dfrac{d}{dt}\vec{r} \times m\vec{v} + \vec{r} \times m\dfrac{d}{dt}\vec{v}$

$= \vec{v} \times m\vec{v} + \vec{r} \times m\dfrac{d}{dt}\vec{\alpha} = 0 + \vec{r} \times \vec{F} = \vec{N}$

転力（トルク、力 × 距離）となり、「回転力がかからなければ角運動量は変化しない」つまり、「角運動量は保存される」ということになります。

■ 過去 50 年の高校理科の変遷

戦後の理科は「物理」「化学」「生物」「地学」の4科目制が長く続いてきましたが、1971年から少しずつ変更が加えられ、1982年からの「ゆとり教育」の導入以降、中学からの移行内容の受け皿としての科目や、「身の回りの科学」を目指した科目が創設されました。また週5日制の導入により、以前のような4科目完全履修は不可能になっていきました。

下表には高校理科の学習指導要領の変遷と、それぞれの学習指導要領が実施されたころの読者諸兄の「現在年齢」を、高校3年生を18歳として示してあります。なお、「身の回りの理科」の狙いはグレーの文字で示してあります。

年号	和暦	西暦	現在年齢	1年	2年	3年	方針	中核4教科	科学史	身の回りの理科（多様化）
昭和	46	1971	58				詰め込み教育？	物理Ⅰ／物理Ⅱ／化学Ⅰ／化学Ⅱ／生物Ⅰ／生物Ⅱ／地学Ⅰ／地学Ⅱ		基礎理科
	47	1972	57							
	48	1973	56							
	49	1974	55			探究学習				
	50	1975	54							
	51	1976	53							
	52	1977	52							
	53	1978	51							
	54	1979	50							
	55	1980	49							
	56	1981	48							
	57	1982	47			ゆとりと充実	ゆとり教育	物理／化学／生物／地学	理科Ⅰ／理科Ⅱ	
	58	1983	46							
	59	1984	45							
	60	1985	44							
	61	1986	43							
	62	1987	42							
	63	1988	41							
平成	1	1989	40			隔週5日制				
	2	1990	39							
	3	1991	38							
	4	1992	37							
	5	1993	36							
	6	1994	35							
	7	1995	34							
	8	1996	33							
	9	1997	32			個性化と多様化		物理ⅠB／物理Ⅱ／化学ⅠB／化学Ⅱ／生物ⅠB／生物Ⅱ／地学ⅠB／地学Ⅱ	総合理科	物理ⅠA／化学ⅠA／生物ⅠA／地学ⅠA
	10	1998	31							
	11	1999	30							
	12	2000	29			完全5日制				
	13	2001	28							
	14	2002	27							
	15	2003	26							日常生活と関係の深い事物・現象
	16	2004	25							
	17	2005	24							
	18	2006	23							
	19	2007	22			生きる力の育成		物理Ⅰ／物理Ⅱ／化学Ⅰ／化学Ⅱ／生物Ⅰ／生物Ⅱ／地学Ⅰ／地学Ⅱ	理科基礎（科学史）／理科総合A／理科総合B	
	20	2008	21			総合的な学習				
	21	2009	20							
	22	2010	19							
	23	2011	18							
	24	2012	17							
	25	2013	16							科学と人間生活のかかわり／理科嫌い対策
	26	2014	15			生きる力の育成	新方向	物理基礎／物理／化学基礎／化学／生物基礎／生物／地学基礎／地学		
	27	2015	14			知識、道徳、				
	28	2016	13			体力のバランス				
	29	2017	12							
	30	2018	11							
	31	2019	10							

114

第**4**章

周期運動の物理は
どう使う？

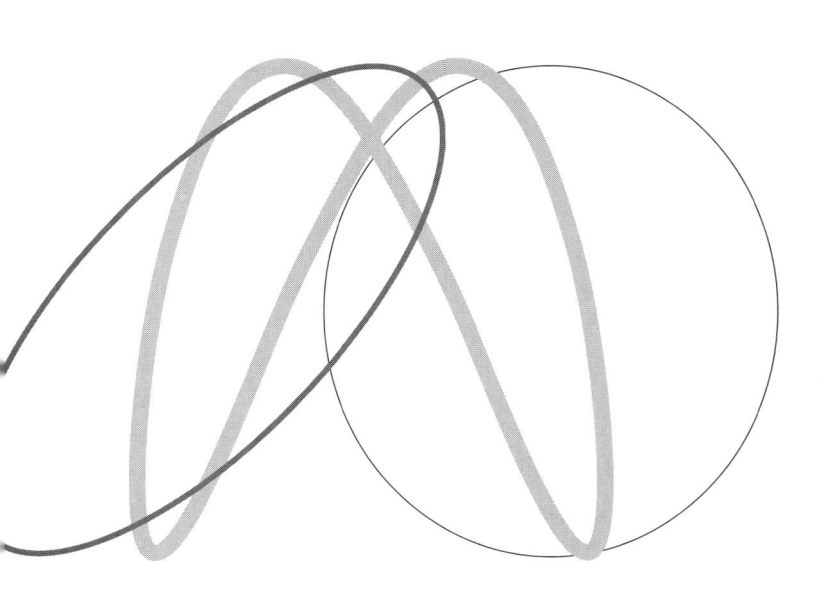

1 周期運動とは何か

●さまざまな周期運動と角速度

周期とは、直線運動・曲線運動にかかわらず、定期的に同じ事象が繰り返される場合の、その事象に要する時間と定義されます。周期運動をざっとあげると、次の通りです。角速度は2πを周期で割ったもので、回転運動以外に対しても定義されます。

○直線上の単振動(バネの運動、円運動の射影…影も含む)
○振り子の運動
○平面上のリサージュ図形(単振動を縦横に2つ組み合わせたもの)
○衛星・惑星の周回運動

●単振動とは何か

単振動については筆者には苦い思い出があります。天体の周回運動はよく勉強したのですが、単振動はつまらなかったので結構いい加減に理解していたところ、入試で

■ 単振動の角速度と周期の関係

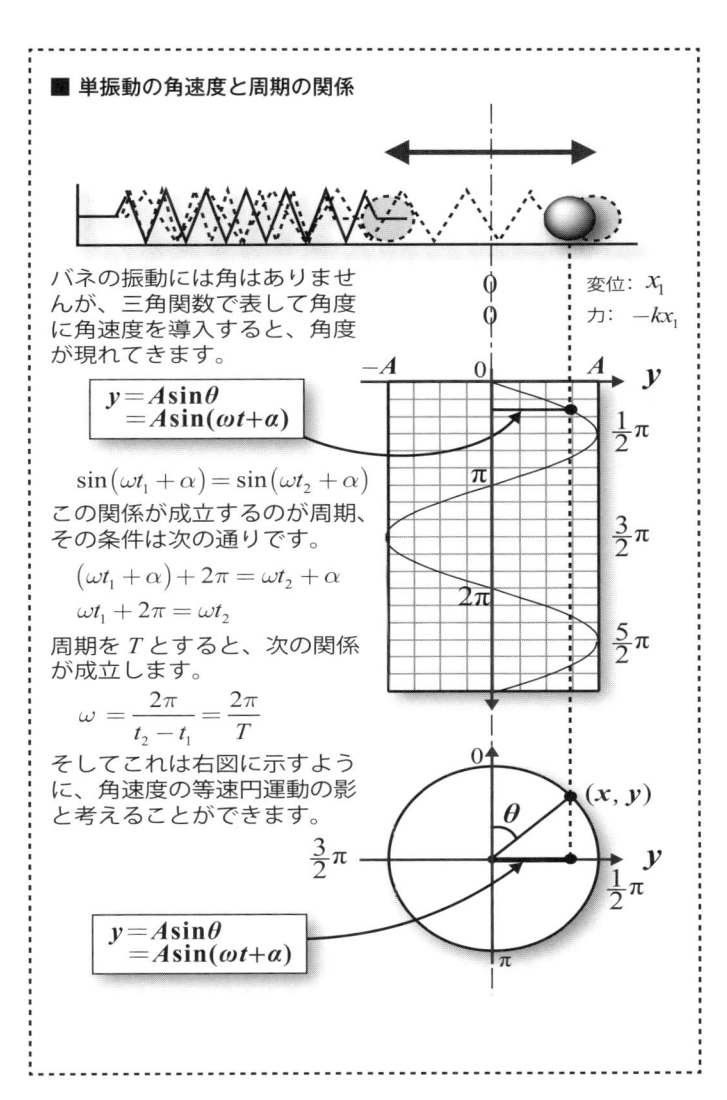

バネの振動には角はありませんが、三角関数で表して角度に角速度を導入すると、角度が現れてきます。

変位: x_1
力: $-kx_1$

$$y = A\sin\theta = A\sin(\omega t + \alpha)$$

$\sin(\omega t_1 + \alpha) = \sin(\omega t_2 + \alpha)$

この関係が成立するのが周期、その条件は次の通りです。

$(\omega t_1 + \alpha) + 2\pi = \omega t_2 + \alpha$

$\omega t_1 + 2\pi = \omega t_2$

周期を T とすると、次の関係が成立します。

$$\omega = \frac{2\pi}{t_2 - t_1} = \frac{2\pi}{T}$$

そしてこれは右図に示すように、角速度の等速円運動の影と考えることができます。

$$y = A\sin\theta = A\sin(\omega t + \alpha)$$

117　第4章　周期運動の物理はどう使う？

振り子の振動に関する難問が出た上、大学に入ってから統計力学・量子力学では単振動が非常に重要であることを知り、あらためて勉強しなおした記憶があります。単振動はエネルギーや温度の基本であり、分子・原子・素粒子の振動の基本なのです。

さて、高校の物理で学ぶ単振動とは、理想的なバネにつながれて振動する物体の運動であり、これは、「等速円運動している物体の影が行う運動」に他なりません。前頁でこれらの関係と、バネの運動における周期と角速度の関係を示しました。そして左頁で、バネの運動方程式を解いて三角関数で運動を表す経緯を示します。

この単振動が重用される理由は、自然界のたいていの存在が、「安定点の周りを少しだけ動いている状態」と考えることができ、これが単振動とみなすことができる、という事情によります。たとえば「振り子の運動」は、厳密にいえば単振動ではありませんが、振動の幅が小さい場合にはこれを単振動とみなすことができます（次節参照）。このような近似の考え方が適用できる現象が非常にたくさんあるのです。

単振動は、バネや振り子の運動などのほか、光・電磁波・音、固体の振動、統計力学における原子のエネルギー、水素原子の電子の波動関数など、いろいろな場面で出現します。したがって物理現象を理解するためには、単振動の理解が不可欠です。

いま、いちばん元気な新書

JIPPI Compact

ベストセラー続出!

じっぴコンパクト新書

新書ワイド判・
定価800円（税込）〜

＊カラー版 059、060、080 は 1050 円（税込）

076
ちょっとわかれば
こんなに役に立つ

中学・高校 数学の ほんとうの使い道

京極一樹 著
978-4-408-45322-4

実社会において、中学・高校で学ぶ数学が
「どこでどのように使われているか」
をわかりやすく解説。

080 **カラー版**

モナ・リザは なぜルーヴルに あるのか

レオナルド・ダ・ヴィンチの足跡を
たどりつつイタリア各地を巡る旅。
モナ・リザに関する謎に迫る。

画像も
たくさん
収録

イタリアにダ・ヴィンチを訪ねる旅

佐藤幸三 著
978-4-408-00833-2

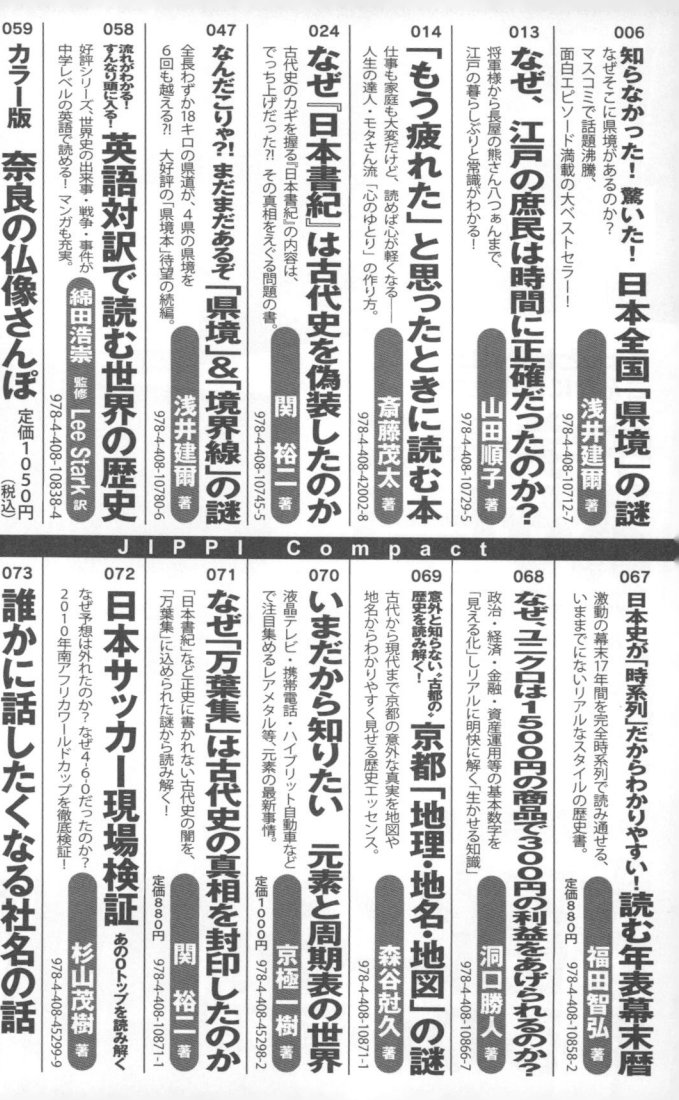

006 知らなかった！驚いた！なぜそこに県境があるのか？マスコミで話題沸騰、面白エピソード満載の大ベストセラー！

日本全国「県境」の謎
浅井建爾 著
978-4-408-10712-7

013 将軍様から長屋の熊さん八つぁんまで、江戸の暮らしぶりと常識がわかる！

なぜ、江戸の庶民は時間に正確だったのか？
山田順子 著
978-4-408-10729-5

014 仕事も家庭も大変だけど、読めば心が軽くなる──人生の達人・モタさん流「心のゆとり」の作り方。

「もう疲れた」と思ったときに読む本
斎藤茂太 著
978-4-408-17002-8

024 古代史のカギを握る『日本書紀』の内容は、でっち上げだった?! その真相をえぐる問題の書。

なぜ『日本書紀』は古代史を偽装したのか
関 裕二 著
978-4-408-10745-5

047 全長わずか18キロの県道が、4県の県境を6回も越える?! 大好評の『県境本』待望の続編。

なんだこりゃ?! まだまだあるぞ「県境」&「境界線」の謎
浅井建爾 著
978-4-408-10780-6

058 好評シリーズ、世界史の出来事・戦争・事件が中学生レベルの英語で読める！ マンガも充実。

流れがわかる・すんなり頭に入る 英語対訳で読む世界の歴史
綿江浩崇 著 監修 Lee Stark 訳
978-4-408-10338-4

059 カラー版
国宝の仏像が全国でいちばん多い奈良。その魅力にたっぷり浸れる15のさんぽ道を紹介。

奈良の仏像さんぽ
中島久美 著
定価1050円（税込）
978-4-408-00825-7

JIPPI Compact

067 日本史が「時系列」だからわかりやすい！激動の幕末17年間を完全時系列で読み通せる、いままでにないリアルなスタイルの歴史書。

読む年表幕末暦
福田智弘 著
定価880円
978-4-408-10858-2

068 政治・経済・金融、資産運用等の基本数字を「見える化」リアルに明快に解く、生かせる知識。

なぜ、ユニクロは1500円の商品で300円の利益をあげられるのか？
洞口勝人 著
978-4-408-10866-7

069 意外と知らない"古都"の歴史を読み解く！古代から現代まで京都の意外な真実や地名からわかりやすく見せる歴史エッセンス。

京都「地理・地名・地図」の謎
森谷尅久 著
978-4-408-10871-1

070 液晶テレビ、携帯電話、ハイブリッド自動車など元素が身近に集めるレアメタル等、元素の最新事情。

いまだから知りたい 元素と周期表の世界
京極一樹 著
定価1000円 978-4-408-45298-2

071 『日本書紀』など正史に書かれない古代史の闇を、『万葉集』に込められた謎から読み解く！

なぜ「万葉集」は古代史の真相を封印したのか
関 裕二 著
978-4-408-10871-2

072 なぜ予想は外れたのか？ なぜ4対0だったのか？ 2010年南アフリカワールドカップを徹底検証！

日本サッカー現場検証 あの0トップを読み解く
杉山茂樹 著
定価880円
978-4-408-45299-9

073 あっ！と驚く会話のネタ帳、営業トークに最適の社名の由来。上場企業の命名の謎に迫る。

誰かに話したくなる社名の話
ストックボイス 編 岩本秀雄 監修
978-4-408-10876-6

060 カラー版 奈良の花ごよみ

平安遷都1300年で注目の、奈良の各地に咲く万葉植物など67種類の花をカラー写真で。

大貫　茂 著

定価1050円(税込)

978-4-408-00826-4

061 心が強いゴルファーの「ごくシンプルな」思考術

ゴルフの中で出会った「言葉」や「人」を通じて、イメージ作成術や心のギアチェンジ法を説く。

鈴木規夫 著

978-4-408-45278-4

062 マンガでわかる 会社組織が甦る! 職場系心理学

成果主義の破綻など、会社が抱える多くの問題を心理学的アドバイス満載の漫画で解決!

ナカタニD.＊ 衛藤信之 監修

978-4-408-61270-6

063 Twitter 英語術

140文字までだから、英語が苦手でもできる!楽しく読めて学ぶストーリー型文例集。

晴間陽一 ＊ クリストファー・ベルトン 著

978-4-408-10845-2

064 「辞めたい!でも辞められない」ときに読む本

仕事や人間関係に行き詰まったときに読む、心の処方箋。人生の達人・モタさんのメッセージ。

斎藤茂太 著

978-4-408-10786-8

065 なぜ打ちなおしの一打はいいボールが打てるのか

最新の心理学を利用すれば簡単にナイスショットが!自分の可能性を引き出すための一冊。

松本　進 著

978-4-408-45279-1

066 納得できるゴルフクラブにめぐりあえないときに読む本

好評第2弾! カリスマクラブコーディネーターが、アマチュアゴルファーに的確にアドバイス。

鹿又芳典 著

978-4-408-45290-6

JIPPI Compact

074 「茶柱が立った」と聞いて、江戸の旦那は腰を抜かす

言葉の語源を知れば、日本の歴史と庶民の暮らし、見えてくるおもしろエピソード集。

古川愛哲 著

978-4-408-10877-3

075 病院・医師を味方につける65の知識

知っていると安心、最先端医療知識と医療業界のしきたり。賢い患者になるための情報満載。

木田　健 著

978-4-408-10879-7

077 日本史・あの人たちのあっと驚く「結末」事典

為政者、武将、文化人、軍人…歴史上の人物たちの「その後」の人生と驚きのエピソードを紹介。

後藤寿一 監修

978-4-408-45325-5

078 えっ? この表現でそんな意味? 英語おもしろノート

学校では教えてくれない、英語圏特有の文化や生活習慣に由来する語源・表現は驚きいっぱい。

牧野髙吉 著

978-4-408-10888-9

081 お相撲さんの"テッポウ"トレーニングでみるみる健康になる

相撲の代表的なトレーニング法「てっぽう」の極意を元力士が伝授。柔軟な肩胛骨をつくり方。

元・一ノ矢 著

978-4-408-45338-5

082 江戸から東京へ 大都市TOKYOはいかにしてつくられたか?

東京スカイツリーや東京タワー、国会議事堂から都庁まで。ランドマークの面白雑学秘話!

津川康雄 監修

978-4-408-10893-3

083 古代史 この「七つの真実」はなぜ塗り替えられたのか

古代史の「闇」にメスを入れ続ける著者が、第一級の謎七つに迫る! 隠された真実とは何か?

関　裕二 著

978-4-408-10894-0

分かりやすいと大好評！ 英語対訳シリーズ！

020 意外に面白い！簡単に理解できる！
英語対訳 日本の歴史で読む

『中学レベルの英語』で「日本史」がここまで説明できる！
歴史も英語も好きになる本。

中西康裕 監修
Gregory Patton 英文監訳
978-4-408-10740-0

040 こんなに面白い！らくらく理解できる！
英語対訳 日本史の有名人で読む

教科書や受験に登場する日本史の有名人84人の生涯を、日英両文で紹介する一石二鳥の書。

中西康裕 監修
Gregory Patton 英文監訳
978-4-408-10767-7

045 伝えたい"ニッポンの心"！
英語対訳 日本のしきたりで読む

やさしい英語で「和」の真髄がここまで表現できるとは！
日本人にも外国人にも大評判の書。

新谷尚紀 監修
Andrew P. Bourdelais 英文監訳
978-4-408-10774-5

055 素朴な「？」がよくわかる！
英語対訳 科学の疑問で読む

初級英語レベルの構文で、科学のハテナに懇切丁寧に答えます。
思わず誰かに話したくなる！

松森靖夫 監修
古家貴雄 英文監訳
978-4-408-10834-6

079 むずかしい教えがスッキリわかる！
英語対訳 禅入門で読む

グローバルな広がりを見せる禅宗の世界観を初級レベルの英語で解説した初の日・英対訳書。

尾関宗園 監修
Elizabeth Mills 英文監訳
978-4-408-10890-2

実業之日本社 〒104-8233　東京都中央区銀座1-3-9
電話 03-3535-4441（販売本部）　http://www.j-n.co.jp/

【ご購入について】お近くの書店でお求めください。書店にない場合は小社受注センター
　　　　　　　　（電話 048-478-0203）にご注文ください。代金引換宅配便でお届けします。　2011年6月現在

■ 単振動の運動方程式

P.21 で結果だけを示しましたが、ここで単振動の運動が三角関数で表されることを示します。単振動の運動方程式が「加速度が変位の負数倍」ということから、この解は三角関数でしかありえません（ちなみに「加速度が変位の正数倍」の場合の解は指数関数に限られます）。

運動方程式は次のようになります。

$$F = m\alpha = -kx$$

微分方程式 $\dfrac{d^2x}{dt^2} = -\dfrac{k}{m}x$ に、三角関数 $x = A\sin(\omega t + \alpha)$
を代入すると、

$$v = \frac{dx}{dt} = \omega A \cos(\omega t + \alpha)$$

$$\alpha = \frac{d^2x}{dt^2} = -\omega^2 A \sin(\omega t + \alpha) = -\frac{k}{m} A \sin(\omega t + \alpha)$$

$$\therefore \omega^2 = \frac{k}{m}, \quad x = A\sin\left(\sqrt{\frac{k}{m}}t + \alpha\right)$$

これが単振動の運動を表します。
もう少し一般的には、複素数の指数関数を使って次のように
考えます（オイラーの公式、「数学編」参照）。

$$x = Ae^{(p+iq)t}$$

$$\frac{dx}{dt} = A(p+iq)e^{(p+iq)t}$$

$$\frac{d^2x}{dt^2} = A(p+iq)^2 e^{(p+iq)t} = CAe^{(p+iq)t}$$

$$(p+iq)^2 = p^2 - q^2 + 2pqi = C$$

運動方程式の定数 C が正か負かで三角関数か指数関数か
が決まります。簡単にするため、初期位相 α を省略します。

$$\begin{cases} C > 0 \Rightarrow q = 0 \Rightarrow x = Ae^{pt} \\ C < 0 \Rightarrow p = 0 \Rightarrow x = \mathrm{Re}\{A(\cos\omega t + i\sin\omega t)\} \quad (q=\omega) \\ \qquad C = -\dfrac{k}{m} = -\omega^2 \Rightarrow x = A\sin\left(\sqrt{\dfrac{k}{m}}t\right) \end{cases}$$

2 振り子の運動は単振動か？

●振り子の等時性とは

左頁に振り子の運動を解説します。等速円運動の影ならばその水平方向の成分は正確に単振動です。振動を引き起こすのは、重力の接線成分であり、これは横方向の変位xをひもの長さで割った値の正弦になります。振り子の場合は円弧上の運動を直線運動で近似しているため、正確な単振動ではありません。

振り子の運動では、振れの角度θが十分小さいと近似的に「$\sin\theta$をθで近似する」というテクニックが使えます。高校物理ではこの一言で終わってしまいますが、その背景を下段

■ 関数のべき級数展開

何回でも微分できる関数は、定数と正のべき級数で表すことができ、これを「テイラー級数」と呼びます。特にx＝0におけるテイラー級数を「マクローリン級数」と呼びます。少し複雑ですが、複雑な関数が、無限に続くものではあっても、べき級数であらわされるということは大変なことです。数学の定理の中には、これを使わないと証明が困難なものがあります。

●マクローリン級数（x＝0におけるテイラー級数）

$$f(x) = f(0) + f'(0)x + \frac{f''(0)}{2!}x^2 + \frac{f'''(0)}{3!}x^3 + \cdots$$

●主な関数のべき級数展開

$\sin\theta = \theta - \frac{\theta^3}{3!} + \frac{\theta^5}{5!} - \cdots$ （微分すれば $\cos\theta$ になる）

$\cos\theta = 1 - \frac{\theta^2}{2!} + \frac{\theta^4}{4!} - \cdots$ （微分すれば $-\sin\theta$ になる）

$e^x = 1 + x + \frac{x^2}{2!} + \frac{x^3}{3!} + \cdots$ （微分しても元の関数のまま）

■ 振り子の運動とその微分方程式の解法

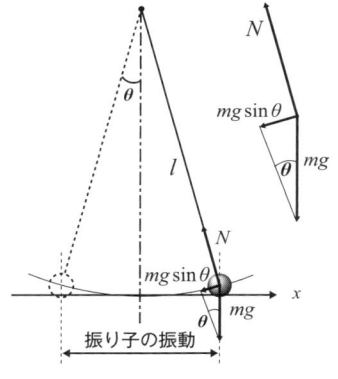

振り子に働く力は重力 mg とひもの張力 N であり、振り子の振動を起こすのは、重力の接線方向成分です。これは $mg\sin\theta$ ですが、これを θ として近似します。

運動方程式は次のようになります。

$$F = m\alpha = -mg\sin\theta$$

したがって微分方程式は次のように、右辺に三角関数が現れます。

$$\frac{d^2x}{dt^2} = -g\sin\theta$$

左辺が x 右辺が θ に関する関係式なので、変数を統一します。
$x = l\theta$ の関係から

$$\frac{d^2x}{dt^2} = -g\sin\frac{x}{l} \quad \text{または} \quad \frac{d^2x}{dt^2} = -g\tan\frac{x}{l}$$

これも正面切って解こうとすると「楕円積分」というものが現れて、非常に難しい話になってしまいますが、θ が非常に小さい場合には、次のような近似的な関係を利用することができます。

$$\sin\theta = \theta - \frac{\theta^3}{3!} + \frac{\theta^5}{5!} - \cdots \approx \theta \ (\theta \ll 1)$$

そうすると、次のように単振動の関係式が得られて、簡単に解くことができるようになります。

$$\frac{d^2x}{dt^2} = -g\frac{x}{l} = -\frac{g}{l}x \ \Rightarrow\ x = A\sin\left(\sqrt{\frac{g}{l}}t + \alpha\right)$$

$$T = \frac{2\pi}{\omega} = 2\pi\sqrt{\frac{l}{g}} \quad \text{(振り子の等時性)}$$

コラムに示しました。三角関数をべき級数で表現され、1次のθの次は3次のθ³であり、θが小さければθ³はその3乗分小さいので無視できる、ということです。

振り子の周期が「ひもの長さと重力加速度」だけで決まり、「振幅の大きさには影響されない」ということが重要です。この関係は「振り子の等時性」と呼ばれ、ガリレオが発見したという説があります。またこの周期が「錘の重さによらない」ことも特筆すべきでしょう。

この関係から、ひもの長さが2倍になれば周期はルート2倍、ひもの長さがn倍になれば振り子の周期はルートn倍になります。また重力が2倍になれば周期はルート2分の1、ひもの長さがn倍になれば振り子の周期はルートn分の1になります。

ただし「振り子の等時性」は、「sin θをθで近似」したために生じる性質であり、近似する前の厳密な関係では成立しません。

●月や他の惑星では振り子はどう動くか

振り子の周期が「ひもの長さと重力加速度」だけで決まるならば、重力さえあれば

振り子は往復運動を続けます。逆に国際宇宙ステーション内部のように重力がなければ、振り子は機能しません。

下段の計算が示すように、重力が大きい天体上では周期が短くなり、重力が小さい天体上では周期が長くなります。地上では0.9秒の振り子の周期が、月の上では2.2秒、火星上では1.5秒、そして小惑星イトカワの上では約90秒となります。

「はやぶさ」はイトカワ着陸前にイトカワとの距離を保つために、太陽からの輻射圧‥太陽から発せられるさまざまな素粒子が「はやぶさ」に与える力を利用しました。これは非常に小さいのですが、そんな小さな力でさえつり合えるほど、イトカワの重力は小さく、振り子の周期は地球の100倍にもなります。

■ 衛星・惑星などでの振り子の周期

(ひもの長さ：20cm)

20cm=0.2m

$$T = \frac{2\pi}{\omega} = 2\pi\sqrt{\frac{l}{g}}$$

9.8m/秒²

$$= \frac{2\pi}{7} = 0.9 秒$$

0.90秒×100 = 90秒

種類		赤道重力比(9.8m/s²)	周期比	周期（秒）
太陽		28.01	0.19	0.17
惑星	水星	0.38	1.63	1.46
	金星	0.91	1.05	0.94
	地球	1.00	1.00	0.90
	火星	0.38	1.62	1.46
	木星	2.37	0.63	0.56
	土星	0.93	0.97	0.87
	天王星	0.89	1.05	0.94
	海王星	1.11	0.94	0.84
準惑星	冥王星	0.08	3.60	3.23
衛星	月	0.17	2.46	2.21
小惑星	イトカワ	0.0001	100.00	89.76

3 メトロノームのしくみ

●実体振り子のしくみ

大きな振り子時計は錘までの距離が大きくゆっくりと動きますが、小さな振り子時計は錘までの距離が小さく速く動きます。メトロノームの場合も、錘を下げると周期が短くなり、錘を上にあげると周期が長くなります（下図）。

メトロノームは「実体振り子」と呼ばれる剛体による振り子であり、隠れた部分に錘があって、上の錘を上げると回転中心から重心が遠くなり、慣性モーメントが大きくなって回転しにくくなり、周期が大きくなります。そのしくみを左頁に示します。

■ 振り子と剛体振り子の周期

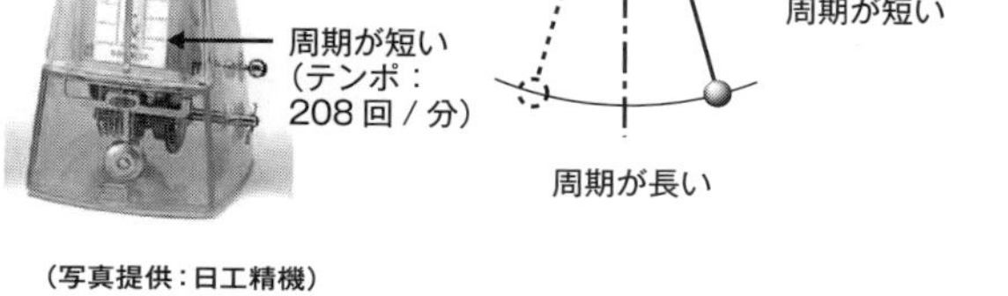

●メトロノーム

- 周期が長い（テンポ：40回/分）
- 周期が短い（テンポ：208回/分）

（写真提供：日工精機）

●振り子

- 周期が短い
- 周期が長い

■ メトロノームの周期

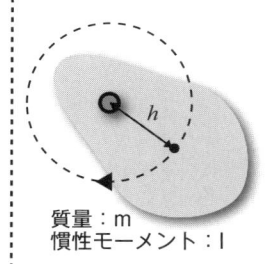

●振り子の周期

$$m\frac{d^2x}{dt^2} = -mg\sin\theta$$

$$\frac{d^2x}{dt^2} = -\frac{g}{l}x \Rightarrow T = \frac{2\pi}{\omega} = 2\pi\sqrt{\frac{l}{g}}$$

質量：m
慣性モーメント：I

●実体振り子の周期

$$I\frac{d^2\theta}{dt^2} = -Mgh\sin\theta$$

$$\frac{d^2\theta}{dt^2} = -\frac{Mgh}{I}\theta \Rightarrow T = \frac{2\pi}{\omega} = 2\pi\sqrt{\frac{I}{Mgh}}$$

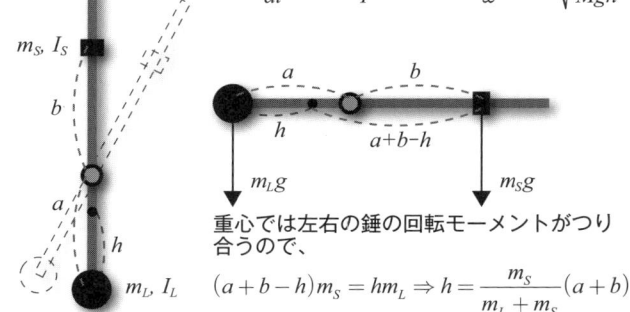

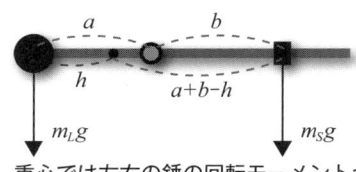

重心では左右の錘の回転モーメントがつり合うので、

$$(a+b-h)m_S = hm_L \Rightarrow h = \frac{m_S}{m_L + m_S}(a+b)$$

下の大きな錘の重さが上の小さな錘の重さのn倍と仮定します。

$$\begin{cases} M = m_L + m_S = (n+1)m \quad (n>1) \\ I = I_a + I_b = m_L a^2 + m_S b^2 = (na^2+b^2)m \\ h = \frac{a+b}{n+1} \end{cases}$$

（実体振り子の周期）

$$T = 2\pi\sqrt{\frac{I}{Mgh}} = 2\pi\sqrt{\frac{n\cdot ma^2 + mb^2}{(n+1)m\cdot g \cdot \frac{a+b}{n+1}}} = 2\pi\sqrt{\frac{na^2+b^2}{g(a+b)}}$$

計算を簡単にするために、2つの錘以外の錘をつなぐ棒の質量と慣性モーメントは無視しました。また、普通の振り子の場合は横方向の変位xで運動方程式を書きます。振り子の場合と同じ形の微分方程式になるので、容易に周期を表す関係式が得られます（前頁最下段の式）。たが、実体振り子では角度θで回転の運動方程式を書きましたが、「$\sin\theta$をθで近似」するのは同じです。

● 実体振り子の1分当たりの周期数

この関係式で問題になるのは、質量と慣性モーメントと重心の位置の関係です。錘が上にあると慣性モーメントが大きくなって周期が長くなるのは明らかでしょうが、錘を下げすぎても重心が下がりすぎてこの周期がどう変わるかを見るために、bのaに対する比uを変数にとります（左頁上段）。

そうすると、一番下のわずかなエリアより上では錘を上にあげると周期が長くなり、1分間あたりのカチッカチッというテンポが減ります。bが変化してこの周期がどう変わるかを見るために、bのaに対する比uの変化にともなう、1分間あたりの「周期数」の変化を左頁下段に示します。ただし、棒の質量と慣性モーメントを無視したため、計算結果は厳密ではありません。

■ メトロノームの1分当たりの周期数

bのaに対する比率uを変数に取ります。

$$T = 2\pi\sqrt{\frac{a}{g}}\sqrt{\frac{n+\left(\frac{b}{a}\right)^2}{1+\frac{b}{a}}} = 2\pi\sqrt{\frac{a}{g}}\sqrt{\frac{u^2+n}{u+1}}, \quad u = \frac{b}{a} > 0$$

根号の中身（>0）だけの変動を調べます。微分して極小値の存在を確認します。

$$f(u) = \frac{u^2+n}{u+1}, f'(u) = \frac{2u(u+1)-(u^2+n)}{(u+1)^2} = 0$$

$$u = \pm\sqrt{n+1}-1, \quad u = \frac{b}{a} > 0 \Rightarrow u = \sqrt{n+1}-1$$

このuの値を超えると、根号の中身は増加を続け、周期は長くなります。
根号の中身の変化を下左図に、1分あたりの周期数の変化を下右図に示します（a=1cmと仮定）。横軸はbのaに対する比率uです。

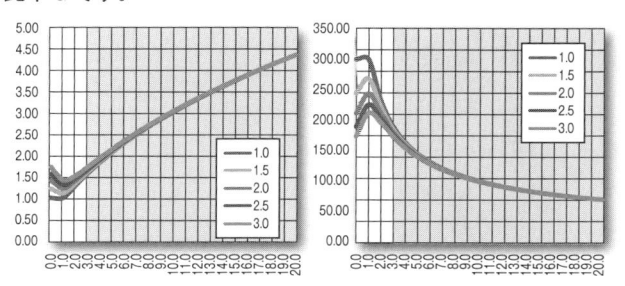

最初のモデル化で錘をつなぐ棒の存在を無視したので、正確な計算結果は得られませんでしたが、2つの錘の重量比にはほぼ無関係に、uが大きくなるにつれて1分あたりの周期数が小さくなるようすが確認できました。メトロノームは、上のグラフのグレーの部分を利用しているということです。

4 リサージュ図形は周期運動の組み合わせ

● リサージュ図形はオシロスコープで観察する

オシロスコープは、電気信号の波形を表示する計測器であり、縦軸が電圧、横軸が時間で、電気信号の時間的変化をグラフとして画面に表示します。電子機器の設計やソフトウェアの確認のために利用されますが、この機器の両軸に信号を入力するとリサージュ波形を観測することができ、周波数の測定に利用されます。電子工学関係以外の方には縁のない機器ですが、図形はグラフィックな映像によく使用されます。

● リサージュ図形を構成するには

リサージュ図形の例を左頁に示します。これは、横

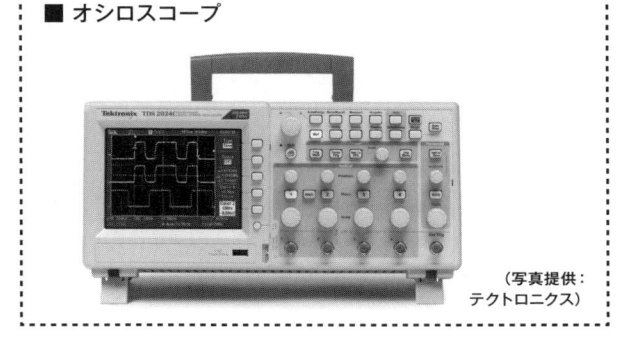

■ オシロスコープ

（写真提供：テクトロニクス）

■ リサージュ図形の例

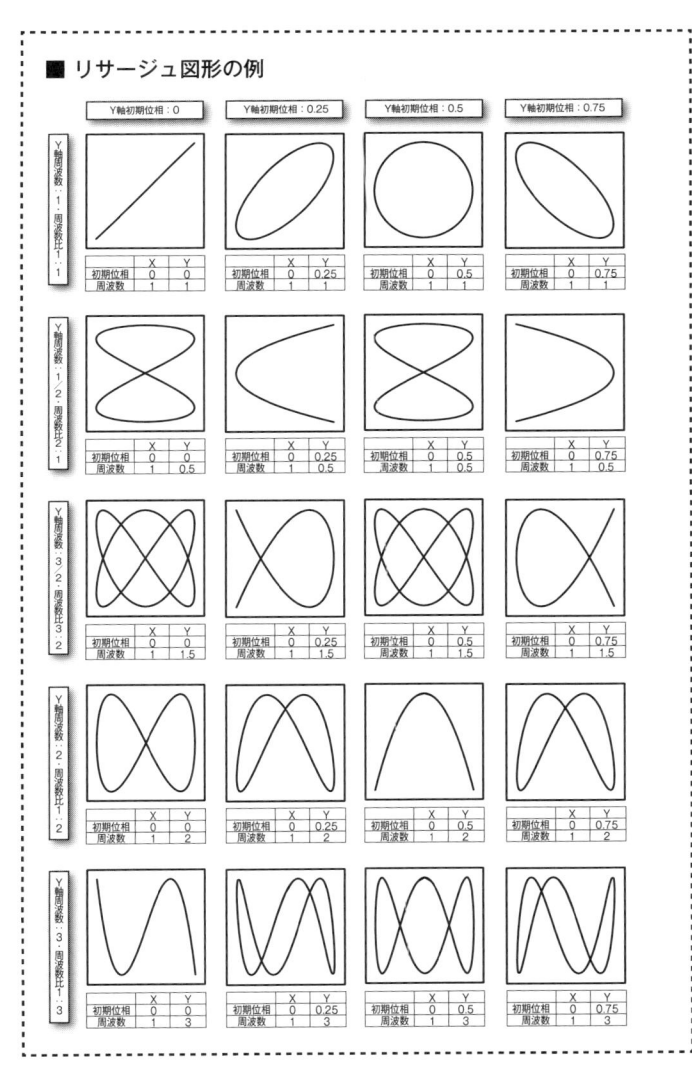

129　第4章　周期運動の物理はどう使う？

方向には位相差を、縦方向には周期比を変えたものです。縦軸と横軸に周期や初期位相が異なる三角関数を入力すると、リサージュ図形を構成することができます（左頁参照）。

初期位相は時間0における位相であり、縦横の入力の初期位相をずらすと、位相差によって異なる図形が描かれます。三相交流（P208参照）は位相差をうまく利用したものです。これらの図は初期位相の意味を理解するにもいい図形ではないかと思います。

縦横の入力に周波数が異なる信号を入力すると、周波数比によってさまざまな図形が描かれます。1950年代までは、この方法で信号の周波数を測定していました。電気通信大学の交渉にはリサージュ図形が用いられています。

■ 電気通信大学のリサージュ図形校章

このリサージュ図形は、東日本と西日本の商用電源周波数の比、50ヘルツ vs 60ヘルツを表すもので、日本全体の調和の意味から採用されました。1950年代までは、高周波信号の周波数を正確に計測することは、大変難しい仕事だったそうです。当時は、無線周波の信号をオシロスコープの一方の入力に接続し、基準発振器の信号をもう1つの入力に接続し、そのリサージュ図形が楕円であれば、同一周波数、U字形のときは2倍周波数、N字形のときは3倍周波数、リボン形のときは3／2倍、というように判断していました。周波数測定を手早く行うためには、リサージュ図形を知っていることが必要でした。

（参考文献：「電気通信大学六十年史」、
社団法人目黒会1980年刊）

■ リサージュ図形ができあがるしくみ

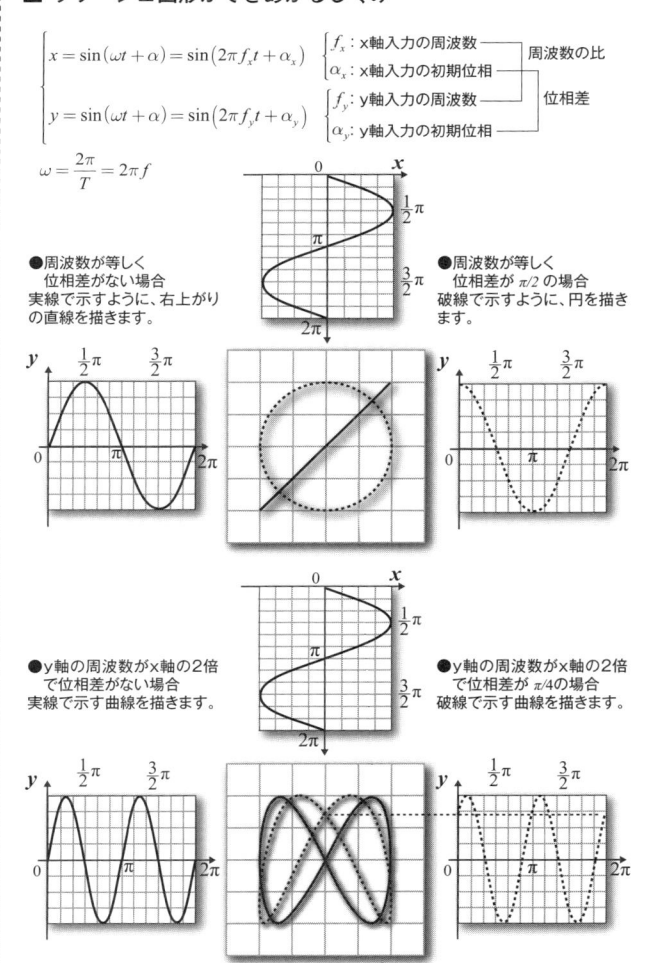

$$\begin{cases} x = \sin(\omega t + \alpha) = \sin(2\pi f_x t + \alpha_x) \\ y = \sin(\omega t + \alpha) = \sin(2\pi f_y t + \alpha_y) \end{cases} \begin{cases} f_x: \text{x軸入力の周波数} \\ \alpha_x: \text{x軸入力の初期位相} \\ f_y: \text{y軸入力の周波数} \\ \alpha_y: \text{y軸入力の初期位相} \end{cases} \begin{matrix} \text{周波数の比} \\ \\ \text{位相差} \end{matrix}$$

$$\omega = \frac{2\pi}{T} = 2\pi f$$

●周波数が等しく
 位相差がない場合
実線で示すように、右上がりの直線を描きます。

●周波数が等しく
 位相差が π/2 の場合
破線で示すように、円を描きます。

●y軸の周波数がx軸の2倍で位相差がない場合
実線で示す曲線を描きます。

●y軸の周波数がx軸の2倍で位相差が π/4 の場合
破線で示す曲線を描きます。

131　第4章　周期運動の物理はどう使う？

5 重力列車はどこをつないでも42分

●基本的にはエネルギー不要の夢の交通機関

本章の締めくくりとして、絶妙な「周期」の使い方を1つ紹介します。「不思議の国のアリス」の作者ルイス・キャロルが考えた夢の交通機関「重力列車」です。これは、地球内部にトンネルを掘って、その穴に列車を入れると地球の反対側にも行けるというもので、乗客が受ける加速度は最大1Gであり、エネルギーは原則として不要です。

ただし問題点もたくさんあり、当面はSFの範囲を出ないでしょう。

まず、建設費が膨大です。また、エネルギー不要といいましたがトンネルの中の空気が抵抗になって減速してしまうので、トンネルの中は真空にしなければなりません。真空に引くには膨大なエネルギーが必要であり、いったん真空に引いた後も、真空ポンプはずっと稼働させなければなりません。

また、地殻やマントルだけならまだいいのですが、真空のチューブが溶けた外核の中を走るのはほとんど不可能でしょう。しかし、ニューヨーク行きの重力列車なら、

■ 重力列車は単振動

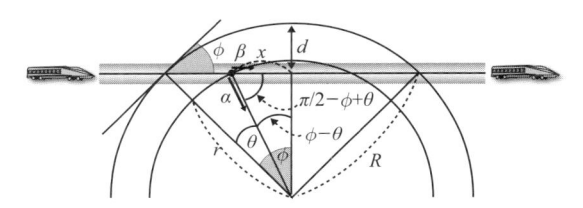

まず、列車が角度 θ の地点で受ける重力加速度 α と、その真空チューブ内で受ける進行方向の加速度 β を求めます。

$$F = m\alpha = \frac{GMm}{r^2}, \quad \beta = \alpha \cos\left(\theta + \frac{\pi}{2} - \phi\right) = -\alpha \sin(\theta - \phi)$$

質量をもつ物体が球の外部にあるとき、球から受ける引力は球の質量がその中心にあるとみなしてよい、物体が球殻の内部にあるときは、球殻に質量があろうと、物体が受ける引力は相殺しあってゼロ、ということから、重力列車が受ける引力は、その位置より内部にある地球の質量によるものだけなので、地球の密度を一様と仮定すると、

$$M = \frac{4}{3}\pi r^3 \cdot \rho \quad M_0 = \frac{4}{3}\pi R^3 \cdot \rho \Rightarrow M = \left(\frac{r}{R}\right)^3 M_0$$

さらに、地表における重力加速度と万有引力が等しいことから、次のように万有引力定数を重力加速度と地球半径で表す関係を求めておいて、

$$mg = \frac{GM_0 m}{R^2} \Rightarrow GM_0 = gR^2$$

以上の関係を重力加速度 α と進行方向加速度 β の関係式に代入します。

$$\alpha = \frac{GM}{r^2} = \frac{G}{r^2}\left(\frac{r}{R}\right)^3 M_0 = \frac{1}{r^2}\left(\frac{r}{R}\right)^3 GM_0 = \frac{1}{r^2}\left(\frac{r}{R}\right)^3 gR^2 = \frac{r}{R}g$$

$$\beta = -\frac{r}{R}g\sin(\theta - \phi)$$

ところで、重力列車の位置は次のように表されます。

$$x(\theta) = -r\sin(\phi - \theta) = r\sin(\theta - \phi)$$

$$\begin{cases} x(0) = -r\sin\phi \\ x(\phi) = 0 \\ x(2\phi) = r\sin\phi \end{cases}$$

したがって、重力列車の位置とそこで受ける進行方向の加速度 β の間には、次の関係が成立し、これは単振動の式に他ならず(P.119参照)、角速度が求められます。角速度がわかると周期がわかります(次頁参照)。

$$\beta = \frac{d^2x}{dt^2} = -\frac{g}{R}x \Rightarrow \omega^2 = \frac{g}{R}$$

マントルの範囲で建設できそうです（左頁参照、下段の表の背景がグレーの部分では外核を通過）。外核を避けたチューブなら建設可能かもしれません。

●重力列車は真空チューブ内の振り子

このアイデアのもっとも面白いところは、この重力列車の発着駅として地上の2点をどこに選ぼうと、入ってから出てくるまでの時間が42分なのです。

前頁に示したように、重力列車の運動は、チューブの中を振り子のように行ったり来たりする単振動です。そのため、出発駅から入って到着駅に着くまでの時間は周期の半分です（下段コラム参照）。

この時間は、出発駅や到着駅をどこに選ぶかによりません。東京・ニューヨーク間でも、東京・上海間でも同じ42分なのです。

■ 重力列車はどの2地点間でも片道42分

重力列車が2地点間をつなぐ時間は、単振動の周期の半分になります。したがって

$$T = \frac{2\pi}{\omega} = 2\pi\sqrt{\frac{R}{g}} = 2\pi\sqrt{\frac{6378km}{9.8m/s^2}} = 2\pi\sqrt{\frac{6.378 \times 10^6}{9.8}}(s)$$

$$= 5.07 \times 10^3 (s) = 84\min \Rightarrow \frac{T}{2} = 42\min$$

次に、これら2点間を結ぶ地上の距離（道のり）l は $2R\phi$ で与えられます。

重力列車が通過する最深部は次式で与えられます。

$$d = R - R\cos\phi = R(1 - \cos\phi)$$

その最高速度は、最大振幅 × 角速度で求められます。

$$v_{max} = r_{min}\omega = R\sin\phi\sqrt{\frac{g}{R}} = \sqrt{gR}\sin\phi$$

この深さの地底における温度および圧力をグラフから求め、左頁下段の表にまとめます。

■ 地球内部の圧力・密度・温度

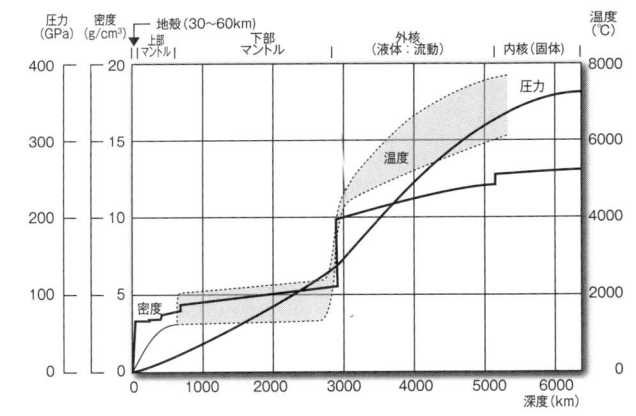

縦軸: 圧力 (GPa), 密度 (g/cm³), 温度 (℃)
横軸: 深度 (km)

領域区分: 地殻 (30〜60km) / 上部マントル / 下部マントル / 外核 (液体:流動) / 内核 (固体)

■ 重力列車の到達点ごとの地底の温度と圧力

角度 φ	1-cosφ	初期加速度 (単位g)	最大深度 d (km)	2地点間の道のり: l (km)	最大速度 (km/h)	温度 t (℃)	圧力 P (GPa)	到達都市名	距離 (km)
0	0.000	0.000	0.0	0	0	0	0.0		
1	0.000	0.017	1.0	223	497	29	0.0		
2	0.001	0.035	3.9	445	993	117	0.2		
3	0.001	0.052	8.7	668	1,490	262	0.3		
4	0.002	0.070	15.5	891	1,985	466	0.6		
5	0.004	0.087	24.3	1,113	2,481	728	1.0	ソウル	1,160
6	0.005	0.105	34.9	1,336	2,975	1,048	1.4		
7	0.007	0.122	47.5	1,558	3,469	1,200	1.9		
8	0.010	0.139	62.1	1,781	3,961	1,200	2.5	上海	1,780
9	0.012	0.156	78.5	2,004	4,452	1,200	3.1		
10	0.015	0.174	96.9	2,226	4,942	1,200	3.9		
15	0.034	0.259	217.3	3,340	7,366	1,200	8.7	香港	2,890
20	0.060	0.342	384.6	4,453	9,734	1,200	15.4		
25	0.094	0.423	597.6	5,566	12,028	1,200	23.9	シンガポール	5,330
30	0.134	0.500	854.5	6,679	14,231	1,200	34.2		
35	0.181	0.574	1,153.4	7,792	16,325	1,200	48.4	モスクワ	7,490
40	0.234	0.643	1,492.2	8,905	18,295	1,200	67.1	ロサンゼルス	8,820
45	0.293	0.707	1,868.1	10,019	20,125	1,200	87.7	ロンドン	9,580
50	0.357	0.766	2,278.3	11,132	21,803	1,200	110.3	ニューヨーク	10,850
60	0.500	0.866	3,189.0	13,358	24,648	4,200	170.0		
70	0.658	0.940	4,196.6	15,584	26,745	5,300	260.0		
80	0.826	0.985	5,270.5	17,811	28,029	6,000	330.0		
90	1.000	1.000	6,378.0	20,037	28,462	6,000	360.0	リオデジャネイロ	18,590

(温度は上のグラフの下端から取得)

135　第4章　周期運動の物理はどう使う？

■ ゆとり教育と週5日制の導入の結果

「ゆとり教育」あるいは「週5日制」を導入することによって学力が低下することは、外部からの情報がなくとも、当初から予見できたはずです。しかしこの国の教育官僚は、学力が低下してからその対策を始めます。

下表に示すのは、OECD（経済協力開発機構）が3年ごとに、世界の15歳児童を対象に行っている学力調査の結果です。日本の児童の「学力」が年々低下し続けたため「脱ゆとり教育」が決断されました。

「学力」の評価内容は、日本の教育の現状とも異なります。項目の後ろの「リテラシー」は、知識を吸収し、応用し、表現できる力を意味し、単なる知識とは異なり、試験問題が解ければいいというものではありません。これが世界の趨勢です。日本の教育における「科目の目標」に「身の回りの」などが頻繁に登場するのはこのような背景を考えてのものなのでしょうか。

- ●科学的リテラシー： 自然界の理解力、意思決定のための科学的知識、課題を明確にし証拠から結論を導き出す分析力。
- ●数学的リテラシー： 数学の役割を理解し、生活において確実な根拠に基づき判断を行い、数学に携わる能力。
- ●読解リテラシー： 知識と可能性を発達させ、効果的に社会に参加するために、文章を理解し、利用し、熟考する能力。

科学的リテラシー

	2000年調査			2003年調査			2006年調査			2009年調査	
1	韓国	552	1	フィンランド	548	1	フィンランド	563	1	上海	575
2	日本	550	2	日本	548	2	香港	542	2	フィンランド	554
3	フィンランド	538	3	香港	539	3	カナダ	534	3	香港	549
4	イギリス	532	4	韓国	538	4	台湾	532	4	シンガポール	542
5	カナダ	529	5	リヒテンシュタイン	525	5	エストニア	531	5	日本	539
6	ニュージーランド	528	6	オーストラリア	525	6	日本	531	6	韓国	538
7	オーストラリア	528	7	マカオ	525	7	ニュージーランド	530	7	ニュージーランド	532
8	オーストリア	519	8	オランダ	524	8	オーストラリア	527	8	カナダ	529
9	アイルランド	513	9	チェコ	523	9	オランダ	525	9	エストニア	528
10	スウェーデン	512	10	ニュージーランド	521	10	リヒテンシュタイン	522	10	オーストラリア	527

数学的リテラシー

	2000年調査			2003年調査			2006年調査			2009年調査	
1	日本	557	1	香港	550	1	台湾	549	1	上海	600
2	韓国	547	2	フィンランド	544	2	フィンランド	548	2	シンガポール	562
3	ニュージーランド	537	3	韓国	542	3	香港	547	3	香港	555
4	フィンランド	536	4	オランダ	538	4	韓国	547	4	韓国	546
5	オーストラリア	533	5	リヒテンシュタイン	536	5	オランダ	531	5	台湾	543
5	カナダ	533	6	日本	534	6	スイス	530	6	フィンランド	541
7	スイス	529	7	カナダ	532	7	カナダ	527	7	リヒテンシュタイン	536
7	イギリス	529	8	ベルギー	529	8	マカオ	525	8	スイス	534
9	ベルギー	520	9	マカオ	527	9	リヒテンシュタイン	525	9	日本	529
10	フランス	517	9	スイス	527	10	日本	523	10	カナダ	527

読解リテラシー

	2000年調査			2003年調査			2006年調査			2009年調査	
1	フィンランド	546	1	韓国	543	1	韓国	556	1	上海	556
2	カナダ	534	2	韓国	534	2	フィンランド	547	2	韓国	539
3	ニュージーランド	529	3	カナダ	528	3	香港	536	3	フィンランド	536
4	オーストラリア	528	4	オーストラリア	525	4	カナダ	527	4	香港	533
5	アイルランド	527	5	リヒテンシュタイン	525	5	ニュージーランド	521	5	シンガポール	526
6	韓国	525	6	ニュージーランド	522	6	アイルランド	517	6	カナダ	524
7	イギリス	523	7	アイルランド	515	7	オーストラリア	513	7	ニュージーランド	521
8	日本	522	8	スウェーデン	514	8	リヒテンシュタイン	510	8	日本	520
9	スウェーデン	516	9	オランダ	513	9	ポーランド	508	9	オーストラリア	515
10	オーストリア	507	10	香港	510	10	スウェーデン	507	10	オランダ	508

第 **5** 章

惑星運動の物理は
どう使う？

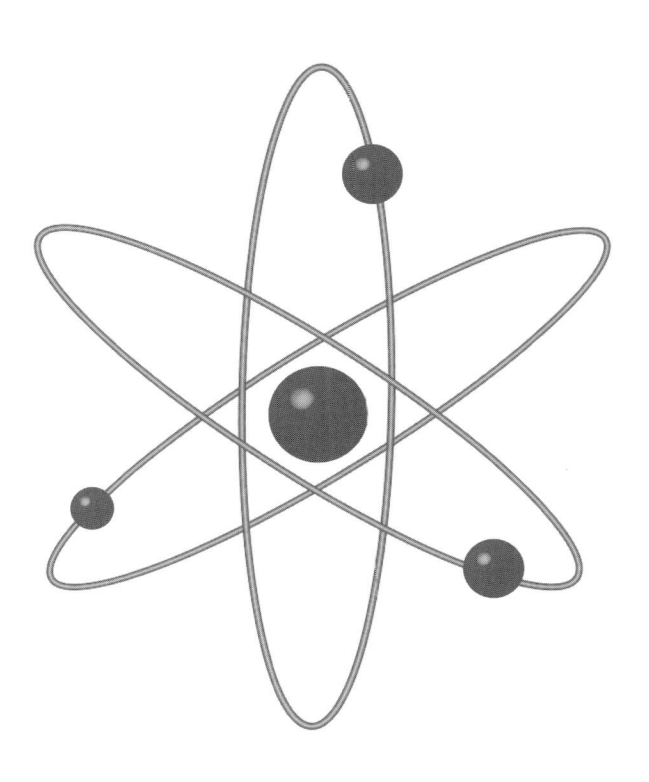

1 ケプラーの法則とニュートン力学の関係

● ケプラーの法則とはなにか

ケプラーの法則は、18世紀のニュートンによる万有引力の発見に先んじて、ケプラーがその師ティコ・ブラーエが残した膨大な天体観測記録のうち、太陽に対する火星の運動を分析して17世紀に定式化した次の3つの法則です。

○第1法則（楕円軌道の法則、1609年）
惑星は、太陽を1の焦点とする楕円軌道上を動く（左頁参照）。

○第2法則（面積速度一定の法則、1609年）
惑星と太陽とを結ぶ線分が単位時間に描く面積は一定である。

○第3法則（調和の法則、1619年）
惑星の公転周期の2乗は、軌道の長半径の3乗に比例する。

これらの法則は、ニュートン力学では2つの天体の間に働く万有引力が支配する運動を表します。これは、太陽を回る惑星の運動の他、惑星を回る衛星の運動にも当て

138

■ 惑星軌道と離心率

惑星軌道は下図に示すように楕円軌道を描きます。下に示したのは、離心率が比較的大きい、外側の惑星と2つの準惑星の軌道です。離心率は、簡単にいうと惑星軌道の「扁平の度合い」です。右下にその定義式を示しましたが、長半径の平方から短半径の平方を差し引いて長半径の平方で割った平方根で、長半径と短半径の差を長半径と比較できます。

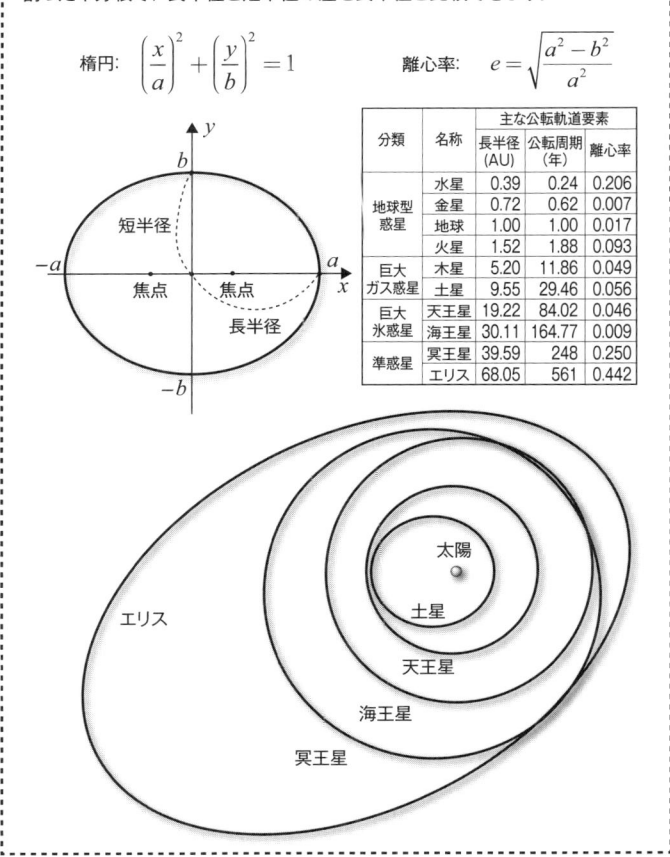

楕円: $\left(\dfrac{x}{a}\right)^2 + \left(\dfrac{y}{b}\right)^2 = 1$

離心率: $e = \sqrt{\dfrac{a^2 - b^2}{a^2}}$

分類	名称	主な公転軌道要素		
		長半径(AU)	公転周期(年)	離心率
地球型惑星	水星	0.39	0.24	0.206
	金星	0.72	0.62	0.007
	地球	1.00	1.00	0.017
	火星	1.52	1.88	0.093
巨大ガス惑星	木星	5.20	11.86	0.049
	土星	9.55	29.46	0.056
巨大氷惑星	天王星	19.22	84.02	0.046
	海王星	30.11	164.77	0.009
準惑星	冥王星	39.59	248	0.250
	エリス	68.05	561	0.442

139　第5章　惑星運動の物理はどう使う？

はまります。次項で、3つの法則を順に解説していきます。その結果はニュートン力学による惑星運動と「ほぼ」一致します（一般相対性理論では、重力が生み出す時空の歪みがこれらの運動を支配し、その結果はニュートン力学による惑星運動と「ほぼ」一致します）。

● ケプラーの第1法則のニュートン力学との関係

第1法則は、次の3つのことを示しています。
○ 惑星は太陽を含む1つの平面上を運動する
○ 惑星の軌道は円ではなく楕円である
○ 太陽は楕円の焦点の1つに位置する

1平面内の運動であることには抵抗はないでしょうが、「惑星の軌道がどうして楕円を描くか」という理由には大きな興味がわくことでしょう。これはP143で解説します。これには、P21で述べた極形式の運動方程式を導出し、これを積分して極形式の二次曲線を表す方程式を得るのが一般的です。大学生でも嫌がる複雑なプロセスなのですが、それは慣れていないからであって、解いてみると、実にきれいなプロセスであることがわかります。この3段階のプロセスをP142下段に示します。

■ 惑星運動の極形式運動方程式の導出

運動方程式は、基本的にはｘｙｚの空間座標で記述するのですが、万有引力のように「中心の一点から及ぼされる力」（中心力）をあつかうには、回転面における動径（r）と角度（θ）で座標を記述する方が便利です。

P.21に示した運動方程式をベクトルで表示すると次のようになります。

$$\frac{d^2\vec{r}}{dt^2} = -\frac{GM}{r^2}\frac{\vec{r}}{|r|}$$

左辺の加速度ベクトルの動径・角度成分を求めるには、動径と角度方向の単位ベクトルとの内積を求めます。

$$\vec{e}_r = \begin{pmatrix} \cos\theta \\ \sin\theta \end{pmatrix}$$

$$\vec{e}_\theta = \begin{pmatrix} -\sin\theta \\ \cos\theta \end{pmatrix}$$

$$\begin{cases} \left(\dfrac{d^2r}{dt^2}\right)_r = \left(\dfrac{d^2x}{dt^2}, \dfrac{d^2y}{dt^2}\right) \cdot \vec{e}_r \\ \left(\dfrac{d^2r}{dt^2}\right)_\theta = \left(\dfrac{d^2x}{dt^2}, \dfrac{d^2y}{dt^2}\right) \cdot \vec{e}_\theta \end{cases} \quad \begin{cases} \vec{e}_r = (\cos\theta, \sin\theta) \\ \vec{e}_\theta = (-\sin\theta, \cos\theta) \end{cases}$$

この計算には、次のようにx、yの2階微分が登場しますが、これらを極形式に変換する必要があります。

$$\begin{cases} \left(\dfrac{d^2r}{dt^2}\right)_r = \dfrac{d^2x}{dt^2}\cos\theta + \dfrac{d^2y}{dt^2}\sin\theta \\ \left(\dfrac{d^2r}{dt^2}\right)_\theta = -\dfrac{d^2x}{dt^2}\sin\theta + \dfrac{d^2y}{dt^2}\cos\theta \end{cases}$$

以下の計算は、一見複雑に見えますが、実は計算は思いがけなく簡単で、下に示すような美しい結果が得られます。

$$\begin{cases} x = r\cos\theta \\ y = r\sin\theta \end{cases} \begin{cases} \dfrac{dx}{dt} = \dfrac{dr}{dt}\cos\theta - r\sin\theta\dfrac{d\theta}{dt} \\ \dfrac{dy}{dt} = \dfrac{dr}{dt}\sin\theta + r\cos\theta\dfrac{d\theta}{dt} \end{cases}$$

$$\begin{cases} \dfrac{d^2x}{dt^2} = \dfrac{d^2r}{dt^2}\cos\theta - 2\dfrac{dr}{dt}\sin\theta\dfrac{d\theta}{dt} - r\cos\theta\left(\dfrac{d\theta}{dt}\right)^2 - r\sin\theta\dfrac{d^2\theta}{dt^2} \\ \dfrac{d^2y}{dt^2} = \dfrac{d^2r}{dt^2}\sin\theta + 2\dfrac{dr}{dt}\cos\theta\dfrac{d\theta}{dt} - r\sin\theta\left(\dfrac{d\theta}{dt}\right)^2 + r\cos\theta\dfrac{d^2\theta}{dt^2} \end{cases}$$

$$\therefore \begin{cases} \left(\dfrac{d^2r}{dt^2}\right)_r = \dfrac{d^2r}{dt^2} - r\left(\dfrac{d\theta}{dt}\right)^2 \\ \left(\dfrac{d^2r}{dt^2}\right)_\theta = 2\dfrac{dr}{dt}\dfrac{d\theta}{dt} + r\dfrac{d^2\theta}{dt^2} = \dfrac{1}{r}\dfrac{d}{dt}\left(r^2\dfrac{d\theta}{dt}\right) \end{cases}$$

こんなに簡単な、美しい結果が得られます。

そして得られるものは楕円・双曲線・放物線の3種類を含みます（合わせて二次曲線と呼びます）。2体問題の解は円どころか楕円とも限らず、双曲線・放物線をも含みます。惑星・衛星の軌道は主に楕円を描きますが、彗星の中には双曲線・放物線の軌道を描くものもあります（P147参照）。万有引力が引き起こす運動は楕円軌道とは限らないのです。

●第2法則のニュートン力学との関係

第2法則は、惑星が軌道上を移動する際の「面積速度」が一定であることを意味し、「面積速度一定の法則」とも呼ばれます。この法則は、左頁で惑星運動の方程式を解く過程で現れ（面積速度の2倍が時間微分で0になる→面積速度は一定）、万有引力に限らず、中心力による運動に共通する性質です（左頁参照）。

■ 惑星運動の運動方程式を解くプロセス

この運動方程式を解くには、極形式の運動方程式を導出し、その微分方程式を解き、極形式の図形の方程式がどんな曲線を表すか、という3つのプロセスが必要です。

$$F = \boxed{-G\frac{Mm}{r^2} = m\frac{d^2}{dt^2}r} \Rightarrow \begin{cases} \dfrac{d^2r}{dt^2} - r\left(\dfrac{d\theta}{dt}\right)^2 = -G\dfrac{Mm}{r^2} \\ \dfrac{1}{r}\dfrac{d}{dt}\left(r^2\dfrac{d\theta}{dt}\right) = 0 \end{cases} \Rightarrow \boxed{r = \frac{L}{1 + e\cos\theta}}$$

極形式の運動方程式の導出　　　微分方程式を解く
　　　　　　　　　　　　　　　（二次曲線）

- ●楕円
- ●双曲線
- ●放物線

■ 惑星運動の極形式運動方程式の微分方程式を解く

大学物理の教科書では、「途中は自分で考えろ」という方針なので難しいのですが、途中を解説すると、驚くほど美しい関係が理解できると思います。

P.137の結果を整理すると次のようになります。

$$m\frac{d^2r}{dt^2} = -\frac{GMm}{r^2}\frac{\vec{r}}{|r|} \Rightarrow \begin{cases} \text{●動径方向} \\ m\left\{\frac{d^2r}{dt^2} - r\left(\frac{d\theta}{dt}\right)^2\right\} = m\frac{d^2r}{dt^2} - mr\omega^2 = -\frac{GMm}{r^2} \\ \text{●角度方向} \\ m\frac{1}{r}\frac{d}{dt}\left(r^2\frac{d\theta}{dt}\right) = 0 \Rightarrow \frac{d}{dt}(r^2\omega) = 0 \end{cases}$$

遠心力／面積速度の2倍

角度方向の方程式には、万有引力は現れません。面積速度不変の法則は、中心力による運動に共通する性質です。

不変の要素は定数とおくのが常套手段です。

$$\frac{d}{dt}(r^2\omega) = 0 \Rightarrow r^2\omega \equiv h \Rightarrow \omega = \frac{h}{r^2}$$

動径方向の方程式では $u \equiv \dfrac{1}{r}$ という変数変換を行うと、微分方程式が容易に解けます。さらに、時間微分ではなく角度微分に切り替えます。

$$\begin{cases} \dfrac{dr}{dt} = \dfrac{d\theta}{dt}\dfrac{dr}{d\theta} = \dfrac{h}{r^2}\dfrac{dr}{d\theta} = h\left(\dfrac{1}{r^2}\dfrac{dr}{d\theta}\right) = -h\dfrac{du}{d\theta} \\ \dfrac{d^2r}{dt^2} = \dfrac{d\theta}{dt}\dfrac{d}{d\theta}\left(-h\dfrac{du}{d\theta}\right) = -\dfrac{h^2}{r^2}\dfrac{d^2u}{d\theta^2} = -(hu)^2\dfrac{d^2u}{d\theta^2} \end{cases}$$

$$\therefore \frac{d^2r}{dt^2} - r\omega^2 = -\frac{GM}{r^2} \Rightarrow \frac{d^2u}{d\theta^2} = -u + \frac{GM}{h^2}$$

右辺の定数部分を含めて、次のようにおくと解が得られます。

$$u = A\cos(\theta + \alpha) + \frac{GM}{h^2} = \frac{1}{r}$$

次のように変形して図形の極形式の方程式を得ます。

$$\Rightarrow r = \frac{1}{A\cos(\theta+\alpha) + \dfrac{GM}{h^2}} = \frac{\dfrac{h^2}{GM}}{1 + \dfrac{Ah^2}{GM}\cos(\theta+\alpha)}$$

$$\begin{cases} \theta + \alpha \equiv \theta \quad \text{(変数の再定義)} \\ l \equiv \dfrac{h^2}{GM} \quad \text{(定数の再定義)} \\ e \equiv \dfrac{Ah^2}{GM} \quad \text{(定数の再定義)} \end{cases} \Rightarrow r(\theta) = \frac{l}{1 + e\cos\theta}$$

これが図形の極形式の方程式です。物理ではこの方程式が普通です。（数学の慣習にしたがった数学編の方程式とは符号が異なりますが、本質的には同一です）

■ 極形式の方程式が3種類の二次曲線を表すこと

$$r = \frac{l}{1+e\cos\theta}$$

この方程式がどんな曲線を表すのかを調べます（高校数学Cの範囲）。

$$r^2 = (l-ex)^2 = l^2 - 2elx + e^2x^2 = x^2 + y^2$$
$$(1-e^2)x^2 + 2elx + y^2 = l^2$$

この方程式が二次曲線を表すのは明らかです。これは e の値の大小で表す図形が変わります。

$$e=1: \quad 2lx+y^2=l^2 \Rightarrow x=-\frac{1}{2l}y^2+\frac{l}{2}$$

これはx軸の負の方向に開いた二次関数（放物線）を表します。標準形式は次の通りです。

$$y^2 = -2lx+l^2 = 4p(x+pl) \quad (l=-2p)$$

e の値が1ではない場合は、次のように変形します。

$$e \neq 1: \quad x^2+\frac{2el}{1-e^2}x+\frac{y^2}{1-e^2}=\frac{l^2}{1-e^2} \Rightarrow \frac{\left(x+\frac{el}{1-e^2}\right)^2}{\left(\frac{l}{1-e^2}\right)^2}+\frac{y^2}{\frac{l^2}{1-e^2}}=1$$

$1-e^2$ の正負で、表す曲線が分かれます。

$$\begin{cases} 0<e<1: \quad \dfrac{\left(x+\dfrac{el}{1-e^2}\right)^2}{\left(\dfrac{l}{1-e^2}\right)^2}+\dfrac{y^2}{\left(\dfrac{l}{\sqrt{1-e^2}}\right)^2}=1 \xrightarrow{\begin{subarray}{l} a=\frac{l}{1-e^2} \\ b=\frac{l}{\sqrt{1-e^2}} \end{subarray}} \boxed{\dfrac{(x+ea)^2}{a^2}+\dfrac{y^2}{b^2}=1} \\ \qquad\qquad\qquad\qquad\qquad\qquad\qquad\qquad\qquad\qquad\qquad\text{（楕円）} \\[2ex] 1<e: \quad \dfrac{\left(x-\dfrac{el}{e^2-1}\right)^2}{\left(\dfrac{l}{e^2-1}\right)^2}-\dfrac{y^2}{\left(\dfrac{l}{\sqrt{e^2-1}}\right)^2}=1 \xrightarrow{\begin{subarray}{l} a=\frac{l}{e^2-1} \\ b=\frac{l}{\sqrt{e^2-1}} \end{subarray}} \boxed{\dfrac{(x-ea)^2}{a^2}-\dfrac{y^2}{b^2}=1} \\ \qquad\qquad\qquad\qquad\qquad\qquad\qquad\qquad\qquad\qquad\qquad\text{（双曲線）} \end{cases}$$

整理し、x軸・y軸との切片は次のようになります。

$$\begin{cases} 0<e<1: \quad \dfrac{(x+ea)^2}{a^2}+\dfrac{y^2}{b^2}=1 \quad \begin{cases} x=0 \Rightarrow y=\pm b\sqrt{1-e^2} \\ y=0 \Rightarrow x=-ea\pm a \end{cases} \\ e=1: \qquad y^2=4p(x+p) \qquad (l=-2p) \\ 1<e: \qquad \dfrac{(x-ea)^2}{a^2}-\dfrac{y^2}{b^2}=1 \quad \begin{cases} x=0 \Rightarrow y=\pm b\sqrt{e^2-1} \\ y=0 \Rightarrow x=ea\pm a \end{cases} \end{cases}$$

●第3法則のニュートン力学による説明

 第3法則は、惑星の公転周期が楕円軌道の長半径のみに依存することを意味しています。公転周期が楕円軌道の離心率に依存しないので、楕円軌道の長半径が同じであれば、円運動でも楕円運動でも周期は同じです。この法則もニュートン力学で説明することができます(下段コラム参照)。

面積速度が一定であるということは、惑星の公転速度が、太陽に近いところでは大きくなり、太陽から遠いところでは小さくなることを意味しています。この法則は、質量をかけると「角運動量保存の法則」に他なりません(P94および下段コラム参照)。

■ 第3法則のニュートン力学による説明

動径が描く領域の面積を S とすると、この速度は $\frac{dS}{dt}$ で表されます。
これは P.143 の定義から次のように表されます。

$$\frac{dS}{dt} = \frac{1}{2}r^2\frac{d\theta}{dt} = \frac{h}{2} \quad \left(m\frac{dS}{dt} = \frac{1}{2}mr^2\omega = \frac{1}{2}I\omega = \frac{h}{2} \Rightarrow \underbrace{I\omega = h}_{\text{角運動量の保存}}\right)$$

これの1周期分は次のようになります。

$$S = \frac{Th}{2} = \pi ab \quad (\text{長半径 } a\text{、短半径 } b \text{ の楕円の面積})$$

短半径 b は次のように表されるので、

$$b^2 = \frac{l^2}{1-e^2} = al = \frac{ah^2}{GM} \Rightarrow \frac{Th}{2} = \pi a^{\frac{3}{2}}\frac{h^2}{GM}$$

別の形で書くと...

周期 T の2乗と長半径 a の3乗の比は次のように定数となります。

$$\frac{T^2}{a^3} = \left(\frac{2\pi h}{GM}\right)^2$$

2 惑星・衛星・彗星の軌道はどう違う

● 惑星・衛星・回帰する彗星は楕円軌道、回帰しない彗星は双曲線・放物線軌道

　万有引力によって引き起こされる2つの天体の運動では、3種類の二次曲線のいずれかが生じることを前節で説明しました。ではそれらはどのような意味を持つのでしょうか。唯一はっきりしていることは、原点が1つの焦点にあたり、その点に太陽あるいは惑星がいて、惑星・彗星あるいは衛星が描く軌道が楕円・双曲線・放物線のいずれかを描くということです。しかし惑星や衛星は太陽あるいは惑星の周りを半永久的に自転しているので、これらの軌道はかならず楕円です。

　彗星には2種類あり、それらは「回帰するかしないか」で分類されます。おおざっぱには、回帰する彗星は楕円軌道を描いて太陽の周りを周回しますが、回帰しない彗星は、最初から放物線あるいは双曲線の軌道を描いています。ただし彗星は周回中に太陽風を浴びて質量を失い軌道が変化するので、楕円を描いて回帰していた彗星の軌道が放物線あるいは双曲線の軌道に変わることもあります。

■ 惑星・衛星の軌道の分類

P.144で求めた3種類の軌道を、近日点（太陽への最接近地点）を共有させて描いたのが下図です。楕円の離心率は3/5、放物線は1、双曲線は7/5としました。その中で放物線と双曲線は回帰しない彗星の領分です。

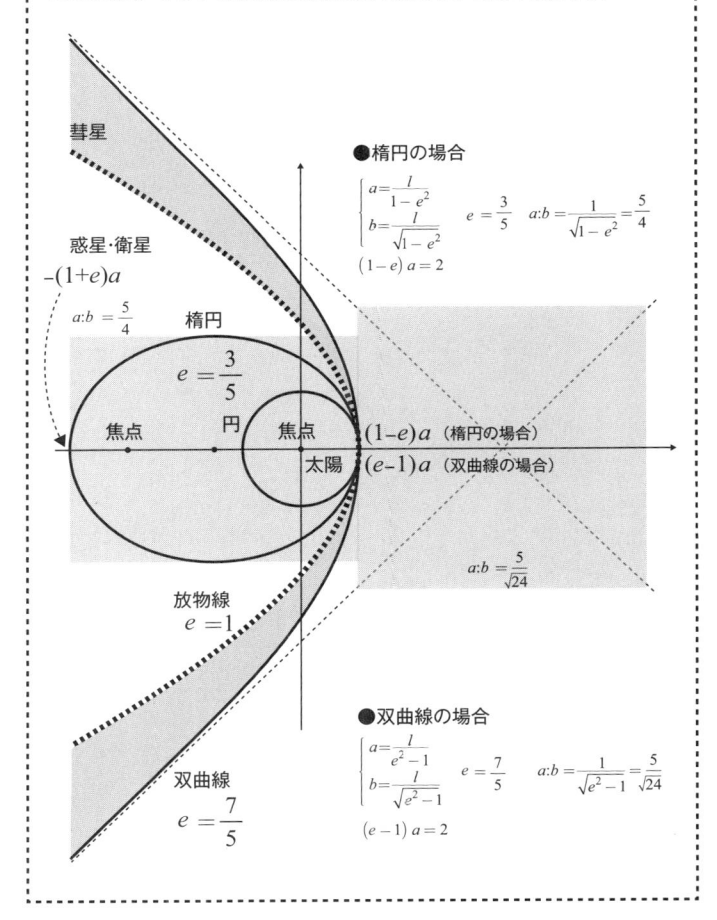

彗星

惑星・衛星
$-(1+e)a$

$a:b = \dfrac{5}{4}$

楕円
$e = \dfrac{3}{5}$

焦点　円　焦点　$(1-e)a$ （楕円の場合）
太陽　　　　$(e-1)a$ （双曲線の場合）

放物線
$e=1$

双曲線
$e = \dfrac{7}{5}$

●楕円の場合

$\begin{cases} a = \dfrac{l}{1-e^2} \\ b = \dfrac{l}{\sqrt{1-e^2}} \end{cases}$　$e = \dfrac{3}{5}$　$a:b = \dfrac{1}{\sqrt{1-e^2}} = \dfrac{5}{4}$

$(1-e)a = 2$

$a:b = \dfrac{5}{\sqrt{24}}$

●双曲線の場合

$\begin{cases} a = \dfrac{l}{e^2-1} \\ b = \dfrac{l}{\sqrt{e^2-1}} \end{cases}$　$e = \dfrac{7}{5}$　$a:b = \dfrac{1}{\sqrt{e^2-1}} = \dfrac{5}{\sqrt{24}}$

$(e-1)a = 2$

147　第5章　惑星運動の物理はどう使う？

3 太陽系惑星や銀河系の星々はどのように周回しているか

●外側の惑星ほど公転に時間がかかる

P138で、惑星の公転周期が楕円軌道の長半径のみに依存することを示しました。これを実際に確認すると左頁上段図のようになります。誤差はありますが、太陽からの平均距離を3乗して平方根を取ると、これがほぼ公転周期に等しくなります。惑星の軌道は楕円であるため、太陽からの距離はつねに変化していますが、軌道長半径がちょうど太陽との平均距離にあたり、太陽系では、たとえば1年たった場合で比較すると、遠い惑星ほど公転が遅いことがわかります。

●銀河系の公転周期は銀河中心からの距離によらない?

銀河系の星々は、中心にある超巨大ブラックホールの周りを公転していますが、この場合の公転周期は銀河中心からの距離によらないことが観測されており、銀河系の公転には万有引力以外の力が働いていると考えられます（左頁下段コラム参照）。

148

■ 太陽系の惑星はどのように周回しているか
●ケプラーの第3法則の確認

	軌道長半径 a (AU)	a^3	周期 T (年)	T^2
水星	0.39	0.06	0.24	0.06
金星	0.72	0.38	0.62	0.38
地球	1.00	1.00	1.00	1.00
火星	1.52	3.54	1.88	3.54
木星	5.20	140.82	11.86	140.71
土星	9.55	872.33	29.46	867.77
天王星	19.22	7,098	84.02	7,060
海王星	30.11	27,299	164.77	27,150

ほぼ一致

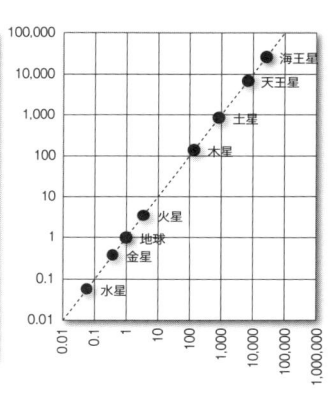

■ 銀河系の星々はどのように周回しているか
●暗黒物質(ダークマター)は存在するか

銀河系の星々が、万有引力のみにしたがって公転しているならば、下図に示すように、内側の星々より外縁部の星々の公転が遅くなって、銀河系の形状はどんどん崩れていくはずですが、形状はまったく変化していません。これは、中心力ではない未知の力が星々に働いていると考えられます。

銀河系の質量が天体や星間物質などの目に見える物質の質量よりもはるかに大きいことがわかっており、「目には見えない大きな質量」が、銀河全体に分布していると考えられています。これが「暗黒物質」(ダークマター)です。一方、物質が集まって恒星が形成される際に、物質のゆらぎだけでは恒星は生まれず、まず暗黒物質がゆらぎを生じて集まり、これを中心として恒星ができたのではないかと考えられています。

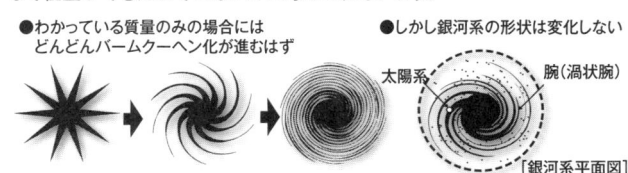

●わかっている質量のみの場合にはどんどんバームクーヘン化が進むはず

●しかし銀河系の形状は変化しない

太陽系　腕(渦状腕)

[銀河系平面図]

4 ラグランジュ点とは何か

●3体問題は摩訶不思議

2つの天体の間に働く万有引力が支配する運動は「2体問題」と呼ばれますが、3つの天体の間に働く万有引力が支配する運動は「3体問題」と呼ばれます(左頁参照)。

3つの天体が相互に万有引力を及ぼし合って「回転する」場合には、摩訶不思議なことが起きて、天体間の特定の位置に平衡点が生まれます。

代表的なものは太陽を周回する木星・土星・天王星などの大型惑星の軌道の近辺に生ずる「ラグランジュ点」であり、ここには多くの小惑星が集まっています。太陽と地球のラグランジュ点には多くの宇宙探査機が配置されています。アニメ「ガンダム」での7つのスペースコロニーは、地球と月の5つのラグランジュ点に建設されています。

ラグランジュ点には、安定点と不安定点があります。左頁に示す、オイラーが発見した直線解‥L_1~L_3は不安定な平衡点であり、ラグランジュが発見した正三角形解‥L_4とL_5は安定な平衡点です(P153参照)。

■ ラグランジュ点と制限３体問題

3つの天体のうちの1つの天体の質量が他の2つに比べて非常に小さい場合を「制限3体問題」といいます。前節までは「惑星が太陽の周りを周回する」と記述してきましたが、正確には「太陽と惑星がその共通重心の周りをたがいに周回」します。つまり太陽も共通重心の周りを公転するわけで、このフラツキを太陽系外の恒星に適用して系外惑星を発見する方法（横方向：位置天文学法、視線方向：視線速度法）もあります。

太陽と惑星に関する制限3体問題は、太陽と惑星がそれらの共通重心の周りを公転する場合に、小惑星などがどのような軌道を描くか、というものになります。制限3体問題では、小惑星などが太陽・惑星に及ぼす万有引力を無視します。さらに惑星が太陽の周りを公転する軌道を円軌道まで単純化した場合を特に「円制限3体問題」といいます。この手法で、L_1 〜 L_5 を求める方法を次節で紹介します。

■ 太陽と地球のラグランジュ点

太陽観測のためにいくつかの太陽観測衛星が L_1 点を、太陽の影響を避けるために WMAP 衛星などいくつかの宇宙望遠鏡が L_2 点を利用しています（P.158 参照）。

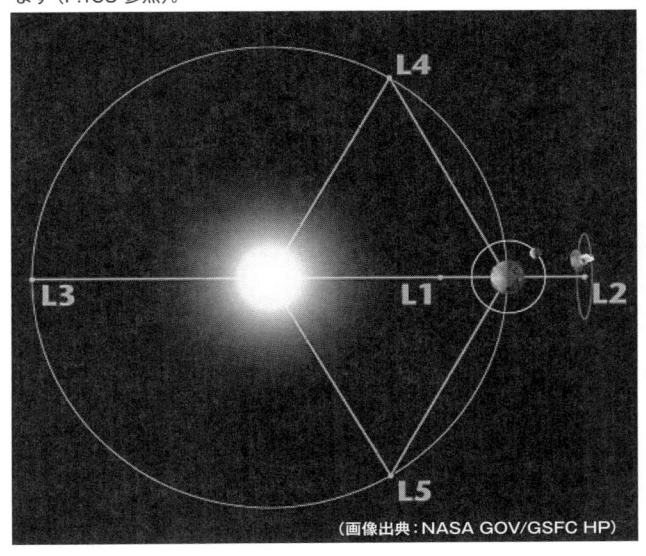

(画像出典：NASA GOV/GSFC HP)

● 解析解がない3体問題

2体問題では、第1節で述べたように軌道を表す方程式が得られましたが、たった1つ天体の数が増えた3体問題には、微分方程式を積分するような方法では解が得られない（「解析解がない」といいます）ということが19世紀末に証明されました。何と不思議な話でしょうか。

得られている解はすべて数値的に計算されたもの（数値解）です。主なものは前述の直線解と正三角形解ですが、つい最近「8の字解」というものが発見されました。また正三角形解にもいろいろな種類があります（下図参照）。

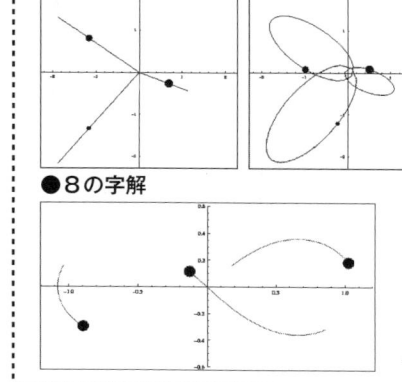

■ 3体問題の主な数値解

●正三角形解

●8の字解

（出典：Scholarpedia、
animation by R. Moeckel
http://www.scholarpedia.org
/article/Three_body_problem）

■ ラグランジュ点の安定性と不安定点

万有引力のポテンシャルでは、物体はポテンシャルの低い方に落ち込んでいきます。下図に示されているのは、万有引力と遠心力が合わさって生み出される、微小天体の運動を決めるポテンシャルの一種です。矢印はポテンシャルの低い方向に向いています。

下図からもわかるとおり、ラグランジュ点のうち、L_1〜L_3 は右上図に示すような「馬の鞍」のような形状（鞍点）、L_4・L_5 は右下図に示すような「丘」のような形状になっており、いずれも不安定な平衡点です。ただし、後者の場合には「コリオリの力」が働いて、微小天体は、右図に示すように丘の頂点を回るような軌道を描いて漂流し、ほぼ安定します。

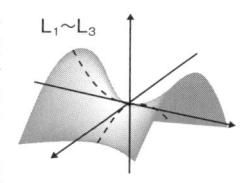

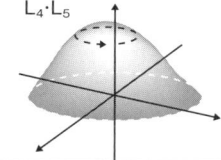

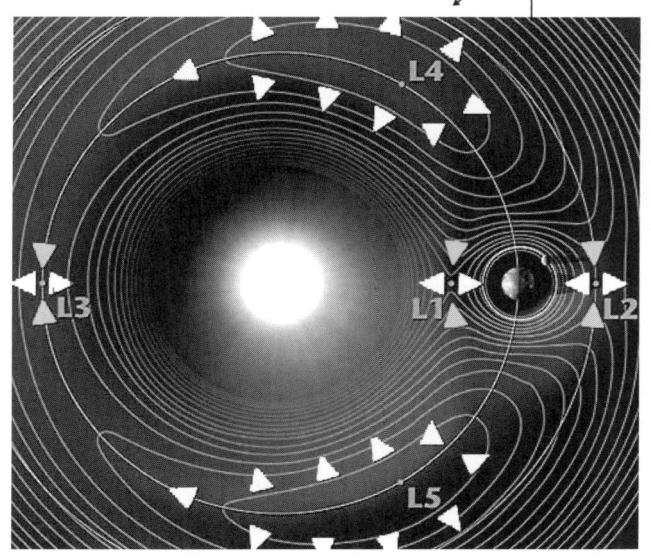

（画像出典：NASA GOV/GSFC HP）

5 ラグランジュ点はどこにあるのか

●直線解 L_1〜L_3 を求める

3体問題の直線解は万有引力と遠心力が打ち消し合った場所にあります。直線上なので方程式を作るのは比較的簡単ですが、得られる方程式は5次方程式になります。直線上の3次方程式の一般解はタルタリア、4次方程式の一般解はフェラーリによって発見されていますが、5次方程式には一般解が存在しないことが1824年にアーベルによって証明されています。

P155〜156に方程式の導出と数値解を示します。導出過程は十分高校物理のレベルです。高校物理を理解できればここまでできるということを感じてください。

考え方は、太陽と地球の構成する引力圏に探査機を置く場合に、太陽と地球の万有引力に遠心力がつり合う地点はどこか、というものです。これら3つの天体が直線上にあるという位置関係を保って回転しているわけですが、その角速度は太陽の周りを円軌道を描いて周回する地球の角速度です（円制限3体問題の考え方、P151参照）。

■ 直線解 $L_1 \sim L_3$ はどこにあるのか…方程式の導出

例として太陽 - 地球系における探査機の位置を求めます。右図に定数と変数の定義を図示します。
これら3つの天体がともに角速度 ω で回転している、円制限三体問題として解きます (P.151参照)。
その角速度は探査機を無視して太陽と地球が角速度 ω で回転していると考えると、次式で与えられます。

$$\frac{GM_1M_2}{(r_2-r_1)^2} = M_1 L_G \omega^2 \Rightarrow \omega^2 = \frac{GM_2}{L_G L^2}$$

この式に現れる太陽の重心までの距離は次式で与えられます。

$$L_G : (L-L_G) = M_2 : M_1 \Rightarrow L_G = \frac{M_2 L}{M_1+M_2}$$

したがって角速度は次のようになります。

$$\therefore \omega^2 = \frac{GM_2}{L_G L^2} = \frac{GM_2}{L^2} \frac{M_1+M_2}{M_2 L}$$
$$= \frac{G(M_1+M_2)}{L^3}$$

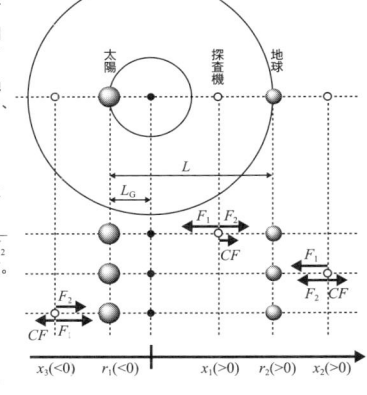

後はこれを使って引力と遠心力の関係を書き出して整理するだけです。

x_1 : $F_1 - F_2 = CF$

$$\frac{GM_1 m}{(x_1-r_1)^2} - \frac{GM_2 m}{(r_2-x_1)^2} = mx_1\omega^2 = mx_1\frac{G(M_1+M_2)}{(r_2-r_1)^3}$$

$$\frac{M_1}{(x_1-r_1)^2} - \frac{M_2}{(x_1-r_2)^2} = x_1\frac{M_1+M_2}{(r_2-r_1)^2} \equiv x_1 A$$

$Ax_1(x_1-r_1)^2(x_1-r_2)^2 - M_1(x_1-r_2)^2 + M_2(x_1-r_1)^2 = 0$ （x_1 についての五次方程式）

x_2 : $F_1 + F_2 = CF$

$$\frac{GM_1 m}{(x_2-r_1)^2} + \frac{GM_2 m}{(r_2-x_2)^2} = mx_2\omega^2 = mx_2\frac{G(M_1+M_2)}{(r_2-r_1)^3}$$

$Ax_2(x_2-r_1)^2(x_2-r_2)^2 - M_1(x_2-r_2)^2 - M_2(x_2-r_1)^2 = 0$ （x_2 についての五次方程式）

x_3 : $F_1 + F_2 = CF$

$$\frac{GM_1 m}{(r_1-x_3)^2} + \frac{GM_2 m}{(x_3-r_2)^2} = -mx_3\omega^2 = -mx_3\frac{G(M_1+M_2)}{(r_2-r_1)^3}$$

$Ax_3(x_3-r_1)^2(x_3-r_2)^2 + M_1(x_3-r_2)^2 + M_2(x_3-r_1)^2 = 0$ （x_3 についての五次方程式）

以上をまとめて、次の3つの五次方程式が得られます。

$$\begin{cases} Ax_1(x_1-r_1)^2(x_1-r_2)^2 - M_1(x_1-r_2)^2 + M_2(x_1-r_1)^2 = 0 \\ Ax_2(x_2-r_1)^2(x_2-r_2)^2 - M_1(x_2-r_2)^2 - M_2(x_2-r_1)^2 = 0 \\ Ax_3(x_3-r_1)^2(x_3-r_2)^2 + M_1(x_3-r_2)^2 + M_2(x_3-r_1)^2 = 0 \end{cases} \quad A = \frac{M_1+M_2}{L^3}$$

これらの五次方程式の一般解は得られず、数値解を求めます。

第5章 惑星運動の物理はどう使う？

■ 直線解 $L_1 \sim L_3$ はどこにあるのか…方程式を解く

前頁最下段の関係式の 1 つの $A = \dfrac{M_1 + M_2}{L^3}$ を戻し、$\dfrac{M_2}{M_1} = M$ という置き換えを行うと、次式が得られます。

$$\Rightarrow (M+1)\left(\frac{x_1}{L}\right)\left(\frac{x_1}{L} - \frac{r_1}{L}\right)\left(\frac{x_1}{L} - \frac{r_2}{L}\right)^2 - \left(\frac{x_1}{L} - \frac{r_2}{L}\right)^2 + M\left(\frac{x_1}{L} - \frac{r_1}{L}\right)^2 = 0$$

さらに、$\begin{cases} \dfrac{x_i}{L} = X_i & (i=1,2,3) \\ \dfrac{r_j}{L} = R_j & (j=1,2) \end{cases}$ という置き換えを行うと、次式が得られます。

$$\Rightarrow X_1(X_1 - R_1)^2 (X_1 - R_2)^2 - \frac{1}{M+1}(X_1 - R_2)^2 + \frac{M}{M+1}(X_1 - R_1)^2 = 0$$

結果として、前頁最下段の関係式は次のように変形できます。これらを解きます。

$$\begin{cases} X_1(X_1 - R_1)^2 (X_1 - R_2)^2 - \dfrac{1}{M+1}(X_1 - R_2)^2 + \dfrac{M}{M+1}(X_1 - R_1)^2 = 0 \\ X_2(X_2 - R_1)^2 (X_2 - R_2)^2 - \dfrac{1}{M+1}(X_2 - R_2)^2 - \dfrac{M}{M+1}(X_2 - R_1)^2 = 0 \\ X_3(X_3 - R_1)^2 (X_3 - R_2)^2 + \dfrac{1}{M+1}(X_3 - R_2)^2 + \dfrac{M}{M+1}(X_3 - R_1)^2 = 0 \end{cases}$$

	質量(kg)	
	N.NN	10^n
太陽	2.00	30
木星	1.90	27
地球	5.97	24
月	7.35	22

ここで方程式の係数を計算し、

M_1	太陽	太陽	地球
M_2	木星	地球	月
$M = M_2/M_1$	0.000950	0.00000299	0.0123
L (億km)	7.78	1.50	0.00384
L_G (億km)	0.00738	0.00000448	0.0000467
$M+1$	1.00095	1.000003	1.01231
$1/(M+1)$	0.9991	1.0000	0.9878
$M/(M+1)$	0.0009491	0.00000030	0.0121618
R_1	-0.000949	-0.00000298	-0.0122
R_2	0.999	0.999997	0.988

ここで表計算ソフト EXCEL で数値解を求めます。

	下限	0.9323		0.9900		0.8365	
	刻み	0.0001		0.0001		0.0001	
L_1	0	0.9323	-6.86	0.9900	-0.04	0.8365	-66.91
	1	0.9324	-3.03	0.9901	0.05	0.8366	-48.29
	2	0.9325	0.79	0.9902	0.13	0.8367	-29.69
	3	0.9326	4.60	0.9903	0.22	0.8368	-11.11
	4	0.9327	8.41	0.9904	0.30	0.8369	7.45
計算結果		0.933	7.26	0.990	1.49	0.837	0.00321

これらが、3 つのラグランジュ点の位置座標です。

		太陽-木星		太陽-地球		地球-月	
		X_i	x_i (億km)	X_i	x_i (億km)	X_i	x_i (千km)
天体間距離 L (億km)		1.000	7.78	1.000	1.50	1.000	384
ラグランジュ点	L_1	0.933	7.26	0.990	1.49	0.837	321
	L_2	1.069	8.32	1.011	1.52	1.156	444
	L_3	-1.000	-7.78	-1.000	-1.50	-1.005	-386

● 正三角形の頂点で引力と遠心力はつり合うか

正三角形の各頂点に3つの天体があれば万有引力と遠心力が打ち消し合います。この解は太陽と木星を結ぶ直線に対称に2カ所あり、唯一解析的に得られる解ですが、「両方から等距離」という単純なものです。下段コラムでつり合いを証明します。この計算も十分高校物理のレベルです。

■ 正三角形解 L_4 〜 L_5 で力はつりあうか…方程式の導出

この計算で θ を後で決めようとすると計算が非常に大変になるので角度は最初から60°と決めて、この地点で万有引力の合力が遠心力と釣り合っていることを示します。
また小惑星がこの回転する座標系で移動している場合にはコリオリの力が働いて話が複雑になるのですが、固定されていればその心配は不要です。

$$\vec{F} = \vec{F_1} + \vec{F_2}$$

$$\begin{cases} F^2 = F_1^2 + F_2^2 - 2F_1F_2\cos 2\theta \\ F_1 = \frac{GM_1 m}{L^2}, \quad F_2 = \frac{GM_2 m}{L^2} \end{cases}$$

$$\therefore F^2 = \left(\frac{GM_1 m}{L^2}\right)^2 + \left(\frac{GM_2 m}{L^2}\right)^2 - 2\frac{GM_1 m}{L^2}\frac{GM_2 m}{L^2}\cos 2\theta$$

$$= \frac{G^2 m^2}{L^4}(M_1^2 + M_2^2 + M_1 M_2) \quad \left(\cos 120° = -\frac{1}{2}\right)$$

$$\begin{cases} CF = mr\omega^2 \\ r^2 = L^2 + L_G^2 - 2LL_G \cos\theta \end{cases}$$

$$\therefore |\vec{CF}|^2 = m^2 r^2 \omega^4 = m^2 \left(L^2 + L_G^2 - 2LL_G \cos\theta\right)(\omega^2)^2$$

$$\begin{cases} L_G = \frac{M_2 L}{M_1 + M_2} \\ \frac{GM_1 M_2}{L^2} = M_1 L_G \omega^2 \Rightarrow \omega^2 = \frac{GM_2}{L_G L^2} = \frac{GM_2}{L^2}\frac{M_1 + M_2}{M_2 L} = \frac{G(M_1 + M_2)}{L^3} \end{cases}$$

$$\therefore |\vec{CF}|^2 = m^2 \left\{L^2 + \left(\frac{M_2 L}{M_1 + M_2}\right)^2 - 2L\frac{M_2 L}{M_1 + M_2}\cos\theta\right\}\left(\frac{G(M_1 + M_2)}{L^3}\right)^2$$

$$= \frac{G^2 m^2}{L^4}\left\{(M_1 + M_2)^2 + M_2^2 - M_2(M_1 + M_2)\right\} = \frac{G^2 m^2}{L^4}(M_1^2 + M_2^2 + M_1 M_2) = F^2$$

$$\therefore |\vec{F}| = |\vec{F_1} + \vec{F_2}| = |\vec{CF}| \quad \text{万有引力の合力が遠心力とつり合っていることが示されました。}$$

遠心力 CF

小惑星 F_2

F_1

2θ

θ

太陽　　　　L_G　　　　L　　　　木星

ここced計算は、直線解の場合と同様です。

157　第5章　惑星運動の物理はどう使う？

6 ラグランジュ点には何があるか

●ラグランジュ点にある探査機・宇宙望遠鏡

太陽と地球のラグランジュ点のうち、L_1点ではつねに太陽を観測することができ、L_2点では太陽からの可視光・赤外線・紫外線や太陽風などの影響を避けることができます。さらにこのような平衡点では、軌道を修正するための燃料の噴射を最小限に抑えることができ、燃料搭載量で制限される探査機の寿命を長くすることができます。

●ラグランジュ点にある小惑星

小惑星の中にはラグランジュ点に集積しているものが数多くあります。左頁に図示します。

■ ラグランジュ点にある探査機

● WMAP (ウィルキンソン・マイクロ波異方性探査機、NASA、2001年打ち上げ、L2)

(Credit: NASA/GSFC)

● ハーシェル宇宙望遠鏡、ESA & NASA 2009年打ち上げ、L2)

(Credit: NASA/GOV)

● ジェイムズ・ウェッブ宇宙望遠鏡 (NASA、2015年打ち上げ予定、L2)

(Credit: NASA/GOV)

● SOHO (太陽・太陽圏観測衛星、ESA & NASA、1995年打ち上げ、L1)

(Credit: NASA/GOV)

■ ラグランジュ点などに存在する小惑星

火星と木星の間には多くの小惑星がありますが、そのもっとも外側、木星の軌道上の「太陽と木星とのラグランジュ点」には、「ギリシャ群」(L_4)、「トロヤ群」(L_5)と呼ばれる一群の小惑星があります。これらは、木星の引力に振り回されて周回するうちにこれらのラグランジュ点に集積したものと考えられます。

木星の他、「太陽と火星とのラグランジュ点」のL_4点とL_5点（合わせて火星トロヤ群）や、「太陽と海王星とのラグランジュ点」（合わせて海王星トロヤ群）にも小惑星が集積しています。

なお、これらは天体の「軌道共鳴」の一種であり、ラグランジュ点に存在する小惑星は木星と公転周期が同じ（1：1）なので、「1：1共鳴」とも呼ばれ、この他に地球、火星、木星、海王星との軌道の公転周期が整数比になっている小惑星が多数存在します。これらも、大きな惑星の公転の影響を受けた小惑星がそれぞれ一群を構成しているものです。

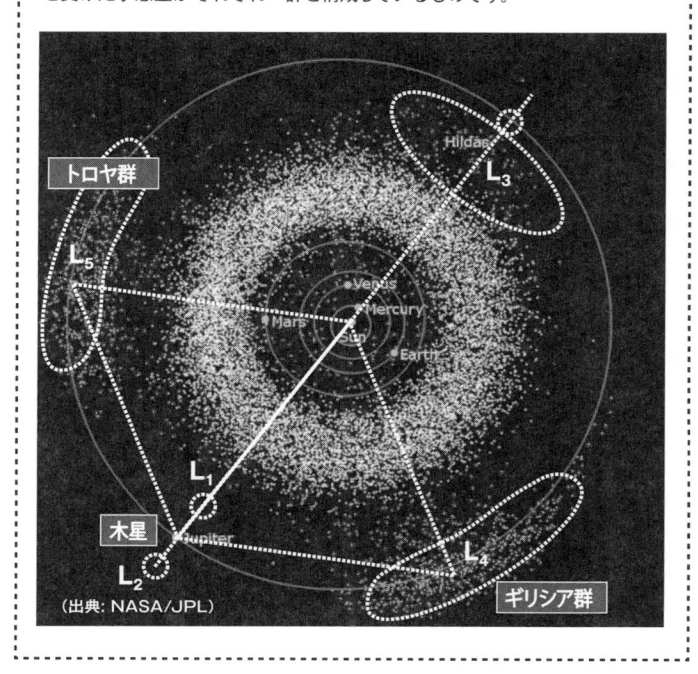

（出典: NASA/JPL）

■ 中学物理と高校の物理Ⅰ・Ⅱの比較

中学理科の第1分野は物理の分野と科学の分野をカバーしたもので、その中から物理の分野の単元を選び出し、それと高校の物理Ⅰ・物理Ⅱの分野の単元を比較します。これらは現行の学習指導要領によるものです。

物理Ⅱはオーソドックスな「力学」「電磁気学」の基礎的な内容と、選択単元である「物質と原子」「原子と原子核」から構成されています。また中学物理は、「光と音」「力と圧力」「電気と磁気」「エネルギー」と、まあまあ身近な分野から少し難しめの分野へと配列されています。

しかしながら、どうも不思議なのが「物理Ⅰ」の単元の配列です。物理学は本来は「力学」から始まるべきものと著者は確信しています。それがどうして「電気」から始まるのか、どうして力学の前に「波動」があるのか、こう考えてくると中学物理の先頭に「波動」があるのも不思議に思えてきます。ただし実際の教科書では、力学・波動・電気の順に解説されています。

また物理Ⅱの学習指導要領には「交流回路については定性的に扱うにとどめること。」「コンデンサーの基本的な性質にも触れること。」という要求がありますが、直流回路の解説は物理Ⅰ・物理Ⅱのどこにも解説すべきとは書かれておらず、教科書側では物理Ⅱにおいて直流回路から始めてコンデンサーの解説をしています。かたや波動は物理学の中ではかなり難解な部類に入ると思いますが、これが物理Ⅰに組み込まれています。もう少し整然とした単元配分が可能ではないでしょうか。幸いこのような問題点は、2012年から導入される新しい学習指導要領では改善されているようです。

中学理科第一分野（物理）			高校 物理Ⅰ			高校 物理Ⅱ		
(1) 身近な物理現象	ア 光と音	(ア) 光の反射や屈折	(1) 電気	ア 生活の中の電気	(ア) 電気と生活	(1) 力と運動	ア 物体の運動	(ア) 平面上の運動
		(イ) 凸レンズの働き			(イ) モーターと発電機			(イ) 運動量と力積
		(ウ) 音の伝達と振動			(ウ) 交流と電波		イ 円運動と万有引力	(ア) 円運動と単振動
	イ 力と圧力	(ア) 力の働き 力のつり合い	(2) 波	ア いろいろな波				(イ) 万有引力による運動
		(イ) 圧力・気体・大気圧		イ 音と光	(ア) 音の伝わり方	(2) 電気と磁気	ア 電界と磁界	(ア) 電荷と電界
(2) 電流とその利用	ア 電流	(ア) 静電気と電流			(イ) 音の干渉と共鳴			(イ) 電流による磁界
		(イ) 回路の電流や電圧			(ウ) 光の伝わり方		イ 電磁誘導と電磁波	(ア) 電磁誘導
		(ウ) 電気抵抗			(エ) 光の回折と干渉			(イ) 電磁波
	イ 電流の利用	(ア) 電流による磁界の発生	(3) 運動とエネルギー	ア 物体の運動	(ア) 日常に起こる物体の運動	(3) 物質と原子（選択）	ア 分子の運動	(ア) 物質の三態
		(イ) 磁界による力・電流の発生			(イ) 運動の表し方			(イ) 分子の運動と圧力
		(ウ) 電流による熱や光の発生			(ウ) 運動の法則		イ 原子、電子と物質の性質	(ア) 粒子性と波動性
(3) 運動の規則性	ア 運動の規則性	(ア) 等速運動の速さと向き		イ エネルギー	(ア) エネルギーの種類と変換			(イ) 電子の性質と電子
		(イ) 等速運動と加速運動			(イ) 運動エネルギーと位置エネルギー	(4) 原子と原子核（選択）	ア 原子の構造	(ア) 量子論と原子
		(ウ) 運動エネルギー、位置エネルギー、電気と熱や光			(ウ) 熱と温度		イ 原子核と素粒子	(ア) 原子核
					(エ) 電気とエネルギー			(イ) 素粒子と宇宙
					(オ) エネルギーの変換と保存			

（グレーの部分は著者が補足）

第**6**章

波の物理は
どう使う？

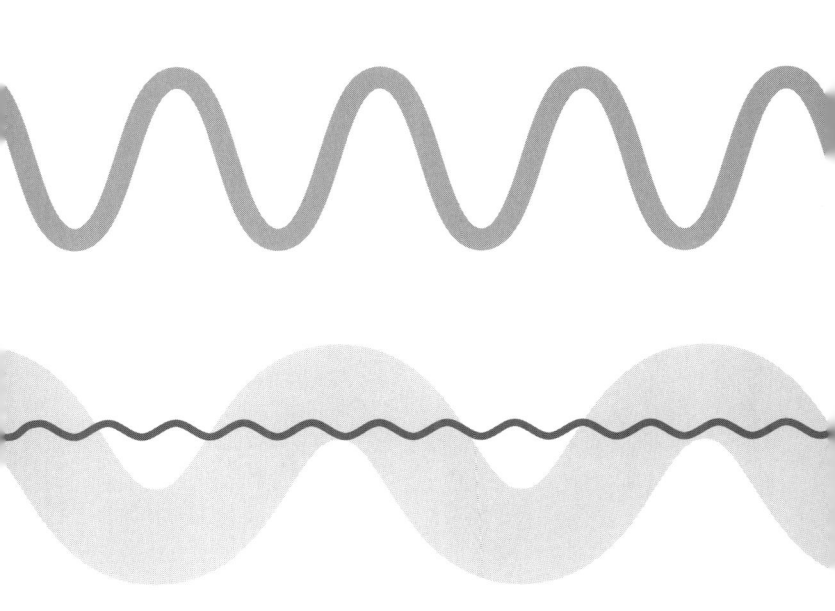

1 波の種類と音速・光速と波長の関係

●波は振動の伝播

波あるいは波動は空間のある場所に生じた振動が次々に隣に伝播して伝わっていくことです。この場合、媒質がある波と媒質がない波とがあります。いずれの波にも、反射・透過・屈折や重ね合わせ・干渉・回折といった「波の性質」があります。

音波は気体・液体・固体を媒質とする波です。左頁に音波の種類をまとめます。

地震波は地殻、津波は海水を媒質とします。媒質がある波は媒質の振動をともないます。固体を媒質とする波は、振動の方向によって縦波と横波があります。

一方、媒質がない波の代表格は電磁波であり、電磁波には縦波がない代わりに「偏波」があります。波長が短くエネルギーが大きいものから波長が長くエネルギーが小さいものまで多くの種類があり、順に、ガンマ線、X線、紫外線、可視光（目に見える光）、赤外線、電波と呼ばれ、さまざまに利用されています。特に最近は、宇宙観測にいろいろな波長が利用されています。P165に電磁波の種類をまとめます。

■ 音波の種類

音速（15℃）：340 m/s			
周波数		↶↷	波長
1	GHz	超音波	340 nm
100	MHz	〃	3.4 μm
10	MHz	〃	34 μm
1	MHz	〃	340 μm
100	kHz	〃	3.4 mm
10	kHz	20 kHz 人間の可聴音	34 mm
1	kHz	〃	340 mm
100	Hz	20 Hz / 100 Hz 低周波	3.4 m
10	Hz	20 Hz 超低周波	34 m
1	Hz	〃	340 m

- 犬の可聴音：40 kHz ～ 35 Hz
- コウモリの可聴音：100 kHz ～ 30 Hz
- イルカの可聴音：150 kHz ～ 150 Hz
- 魚群探知機：500 kHz ～ 20 kHz
- 超音波診断装置：10MHz ～ 1MHz
- 超音波探傷装置：15MHz ～ 5MHz
- 低周波治療器：1kHz ～ 1Hz

●波の速度と波長と周波数

空気中の音波の速度、つまり音速は、「圧力と密度の比の平方根に比例」します。ここから一般的に使われる音速の式が導かれます。下段に示した式は±40℃の範囲ではほぼ正確ですが、この範囲を外すと誤差が大きくなります。

光の速度は、たとえ光源が移動していても、つねに秒速30万kmです。

このようにして決まった波の速さ（位相速度）に対し、「速度＝波長×振動数（周波数）」の関係によって波長と周波数が決まります。

■ 空気中の音速

音速を求める場合、ふつうは一次式を使いますが、これは右下図からわかるとおり±40℃を外れると誤差が大きくなります。

音速 $v \equiv k\sqrt{\dfrac{p}{\rho}}$

$\begin{cases} \text{気体の状態方程式} & pV = nRT \\ \text{密度の定義} & \rho = \dfrac{nM}{V} \end{cases}$

$\begin{cases} p:\text{圧力} \\ \rho:\text{密度} \end{cases}$ $\begin{cases} T:\text{絶対温度} \\ V:\text{体積} \\ M:\text{モル質量} \end{cases}$ $\begin{cases} n:\text{分子モル数} \\ R:\text{気体定数} \end{cases}$

これらの関係式を音速の定義式に代入します。

$$\frac{p}{\rho} = \frac{nRT}{V}\frac{V}{nM} = \frac{RT}{M} = \frac{R}{M}(t+273) \Rightarrow v = k\sqrt{\frac{R}{M}(t+273)}$$

0℃における音速を代入して次の関係式を得ます。

$$v_{t=0} = k\sqrt{\frac{R}{M} \times 273} \equiv 331.5\,(m/s)$$

音速比
これら2つの関係式の比（音速比）をとると、（厳密式）

$$\frac{v}{v_{t=0}} = \sqrt{\frac{t+273}{273}} = \sqrt{1+\frac{t}{273}},\quad v = 331.5\sqrt{1+\frac{t}{273}}\,(m/s)$$

平方根があっては使いにくいので、近似式に切り替えます。

$$|t| \ll 273 \Rightarrow \sqrt{1+\frac{t}{273}} = \left(1+\frac{t}{273}\right)^{\frac{1}{2}} \fallingdotseq 1+\frac{1}{2}\frac{t}{273} = 1+0.00183t$$

$$\therefore v = 331.5(1+0.00183t) = 331.5 + 0.6t\,(m/s)\quad (|t|<40)\quad \text{（簡式）}$$

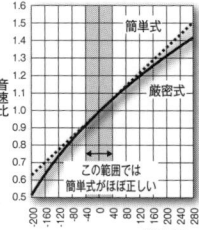

■ 電磁波の種類

光速：299,792 km/s			

周波数		↔	波長	
		ガンマ線	1 pm	滅菌、溶接部X線写真、ガンマ線天文学
		X線	10 pm	X線写真、CT 非破壊検査、X線回折、 X線天文学
			100 pm	
300	PHz		1 nm	
30	PHz	紫外線	10 nm	ブラックライト、蛍光灯、 火災報知機、殺菌、 フォトリソグラフィ、 紫外線天文学
3	PHz	可視光	100 nm	
300	THz		1 μm	熱源、赤外線カメラ、 赤外線通信、リモコン、 赤外線天文学、 リモートセンシング
30	THz	赤外線	10 μm	
3	THz		100 μm	
		サブミリ波		衛星通信
300	GHz	ミリ波 EHF	1 mm	衛星通信、衛星放送、 電波天文、地球探査、レーダー
30	GHz	センチ波 SHF	10 mm	衛星放送、レーダー
3	GHz	極超短波 UHF	100 mm	特定小電力無線/アマチュア無線/ タクシー無線、無線LAN、携帯電話・PHS、 TV放送、電子レンジ (2.45GHz)
300	MHz	超短波 VHF	1 m	TV・FM放送、 防災行政・消防・警察無線
30	MHz	短波 HF	10 m	短波放送、船舶・航空機通信、 アマチュア無線
3	MHz	中波 MF	100 m	AMラジオ、船舶通信、 アマチュア無線
300	kHz	長波 LF	1 km	船舶・航空機ビーコン
30	kHz	超長波 VLF	10 km	船舶・航空機ビーコン
3	kHz	極超長波 ULF	100 km	潜水艦通信
300	Hz		1000 km	

電波欄：電波（UHF〜ULF）
右側区分：太陽光発電／マイクロ波

エネルギーが高い・波長が短い ↕ エネルギーが低い・波長が長い

165　第6章　波の物理はどう使う？

2 波の3要素・音の3要素とエネルギーの関係

●波の3要素は振幅・角速度・初期位相

波は、一般的には下図に示すように、「角速度×時間＋初期位相の三角関数と振幅の積」で表されます。したがって、波は振幅・角速度・初期位相の3つの要素で決まると考えられます。

●音の3要素は音量・音程・音色

音の3要素のうち、音程は周波数、音色は波形によります。波形は分解するとさまざまな振幅、周波数、位相差(初期位相の差)の波が重ね合わされて生まれ

■ 波の3要素

$$f = A\sin(\omega t + \alpha)$$

振幅 / 角速度 / 時間 / 初期位相

	エネルギー	周波数・波長・周期			波の個性 (重ね合わせ)
		周波数	波長	周期	
音	音量	音程 $f = \dfrac{1}{T}$	(高調波) $\lambda = \dfrac{v}{f}$	$T = \dfrac{2\pi}{\omega}$	音色(干渉)
電磁波	－	色・個性 $\nu = \dfrac{1}{T}$	エネルギー $\lambda = \dfrac{v}{\nu}$		干渉

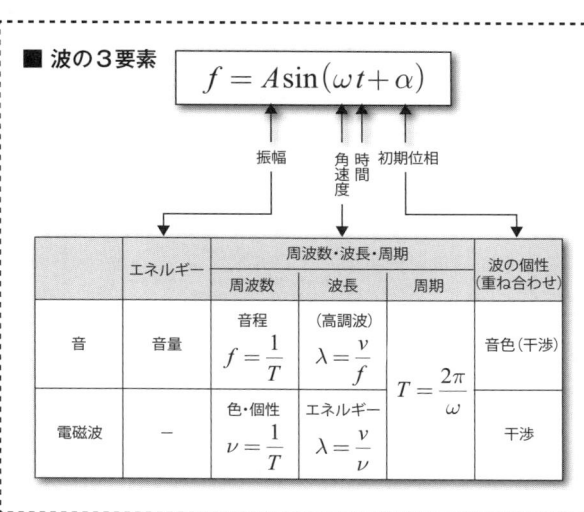

ます。しかし複雑なのは音量であり、これは振幅と周波数の両方に関係します。

音量とは「どれくらい大きく聞こえるか」ということであり、人間の耳には周波数特性があって、物理的には同じエネルギー、または振幅の音を出しても人間の耳で聞いた場合には周波数によって音の大きさが違って聞こえるのです。

また、人間の感覚が「2倍」と感じる大きさは「2の常用対数倍」であることが知られています。したがって、音量の評価には次のような段階を踏みます。

まず、音は大気圧の微少な変動であり、この圧力変動を「音圧」といい、単位はパスカル（Pa）です。次に、基準音圧を

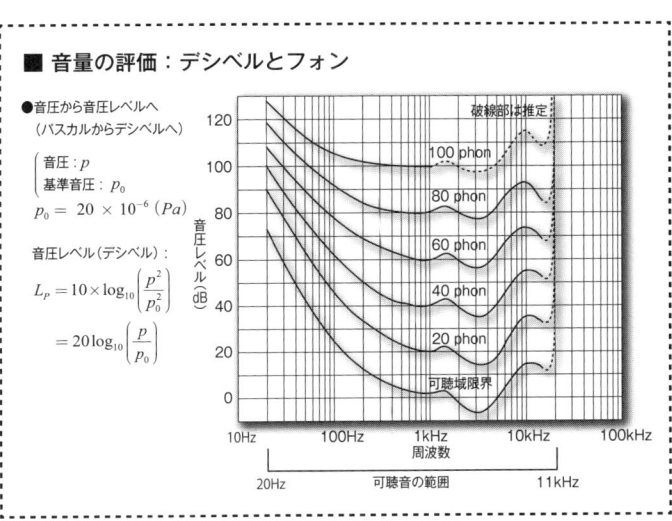

■ 音量の評価：デシベルとフォン

●音圧から音圧レベルへ
（パスカルからデシベルへ）

音圧：p
基準音圧：p_0

$$p_0 = 20 \times 10^{-6}\ (Pa)$$

音圧レベル（デシベル）：

$$L_P = 10 \times \log_{10}\left(\frac{p^2}{p_0^2}\right) = 20\log_{10}\left(\frac{p}{p_0}\right)$$

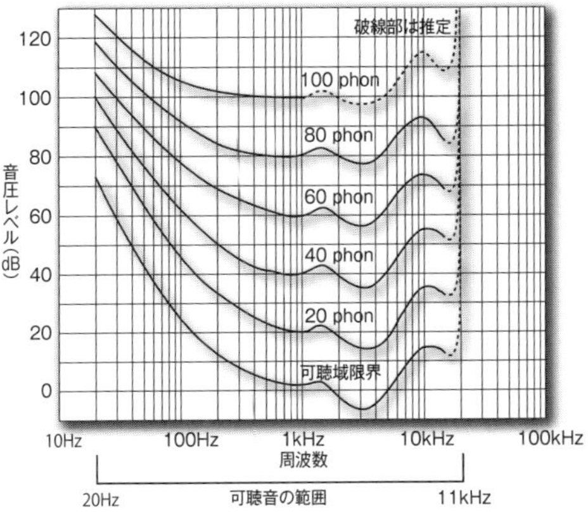
破線部は推定
100 phon
80 phon
60 phon
40 phon
20 phon
可聴域限界
音圧レベル(dB)
0
20
40
60
80
100
120
10Hz
100Hz
1kHz
10kHz
100kHz
周波数
20Hz
可聴音の範囲
11kHz

20μPaとして、音圧の2乗と基準音圧の2乗の比を常用対数で表し10倍したものが「音圧レベル」であり、デシベル（dB）で表します。

しかしこのような単純な考え方にしたがった音圧では、聴覚は同じ大きさの音と認識しません。そこで、聴覚が同じ大きさの音だと認識する感じ方は周波数によって異なるので、聴覚が同じ大きさの音だと認識するように周波数ごとに「音圧レベル」を調整したものが「ラウドネスレベル」であり、これの単位が「フォン」であり、これが音量を測るのに最適な単位です。さらにこのフォンの対数部分を元に戻した「ソーン」という単位も使われます。

● 波の速度と波長と周波数の関係

音速も光速もその速度とは、波のかたまり（波束）が移動する「位相速度」といわれるものであり、位相を構成する角速度とは無関係に定まり、その速度には「速度＝波長×周波数」の関係があります。

一方周波数は、2πを角速度ωで割って得られる周期Tの逆数です。したがって、（位相）速度を周波数で割れば波長が得られます。P163の音波の図、P165の

168

電磁波の図の左端に、この関係で得られた周波数と波長の関係を示してあります。

音の周波数（振動数）はふつう「f」(frequency)で表しますが、光の周波数（振動数）は「ν」で表します。いずれも周期の逆数です。

●光のエネルギーは光子の粒

音波のエネルギーの評価では、右頁に述べたように音圧を考えますが、光のエネルギーではまったく異なる方法を用います。光のエネルギーの授受は、光子の粒の授受で行われ、そのエネルギーの大きさは「周波数の定数倍」で表されます（下図参照）。

したがって、波長の長い電波より波長の短い赤外線・可視光・紫外線あるいはX線・ガンマ線の方がエネルギーが大きくなります（P165の図参照）。

■ 光電効果に関するミリカンの実験

光 $E=h\nu$ $E=h\nu-W$
金属表面
電流が流れる

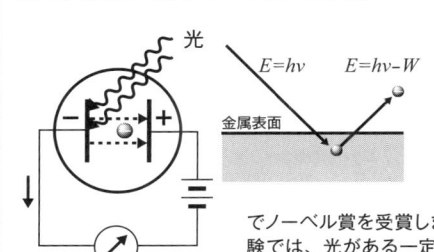

光を金属に当てると、電子がとびだす現象を「光電効果」といい、これは光子が金属中の電子にぶつかって、電子をはじき飛ばす現象です。アインシュタインはこの光電効果の理論でノーベル賞を受賞しました。このミリカンの実験では、光がある一定の周波数を超えるまで電子は発生せず、その周波数を超えると周波数と発生電圧が比例するという結果が得られました。

3 音波と音速の考え方

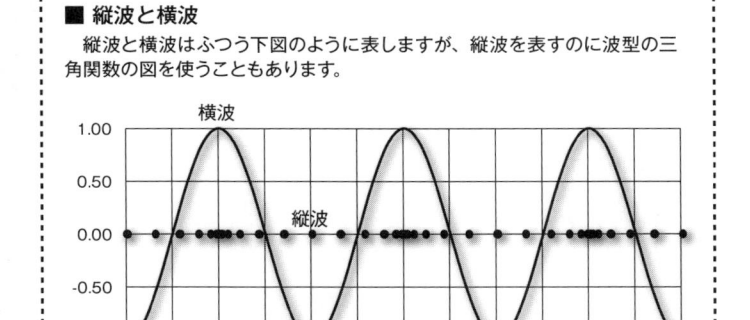

●音波は疎密波

空気を媒質とする音波は、空気の密度の振動が伝播する「疎密波」であり、気体・液体中の音波には縦波しかありませんが、固体中では音波には縦波と横波の両方が存在します。

●さまざまな媒質における音速

音波の伝播とは分子の振動の伝播であり、その伝播の速度、すなわち「音速」は密度が高いほど大きく、気体＜液体＜固体の順に大きくなります。固体の中ではヤング率（縦弾性係数）が大きいほど音速が大きくなります。主な気

■ 縦波と横波

縦波と横波はふつう下図のように表しますが、縦波を表すのに波型の三角関数の図を使うこともあります。

170

体・液体・固体中の音速を下段コラムに示します。

● 超音速のマッハ1は時速何キロか

1気圧の大気中の15℃における海面付近の音速は秒速約340mであり、これは時速約1225kmに相当します。

音速には「マッハ数」というものを単位に使いますが、ジェット機が飛ぶような高高度・低温における音速は秒速300m（≒時速約1100km、ローカルマッハともいう）程度であり、高空における空気の圧縮率を「マッハ計」で測定して表示します。海面付近の音速からマッハ数を計算することは適切ではありません。

■ 音速の比較

音速は、気体の場合には温度が高くなると速くなり、空気中の音速は、±40℃の範囲では次の式によりほぼ正確な数値が得られます（P.164参照）。

v=331.5+0.6t [m/s]

15℃では秒速約340mとなり、これは時速1225kmに相当します。

固体の場合には逆に、温度が高くなると遅くなります。ただし温度の影響は、気体の場合に比べて1桁小さくなります。氷の場合は例外で、温度が高くなると音速が大きくなります。

	物質名	縦波[m/s]	横波[m/s]
気体	乾燥空気	331	
	水蒸気(100℃)	473	
	水素	1,270	
	ヘリウム	970	
	窒素	337	
	酸素	317	
	塩素	205	
液体	水	1,500	
	海水	1,513	
固体	氷	3,230	1,600
	ホウ素	16,200	−
	ベリリウム	12,890	8,880
	アルミニウム	6,420	3,040
	鉄	5,950	3,240
	金	3,240	1,220
	鉛	1,960	690

●超音速航空機の最高速度はどれくらいか

世界最高速の軍用機は、1989年に現役を退いた米国の偵察機SR−71（巡航速度マッハ3・2）であり、実用機における世界記録（時速約3530km）を今も保持しています。維持運用に膨大な費用を要することと偵察衛星技術の向上により退役が決定されました。

世界最高速の旅客機は、2003年に現役を退いた英仏のコンコルド（巡航速度マッハ2．04）ではなく、これも退役したソ連のTu−144S（巡航速度マッハ2・35）です。

●超音速航空機の衝撃波とは何か

超音速飛行中の航空機・ロケット、隕石や

■ **超音速実用航空機**

右が上からコンコルド（マッハ 2.04）、Tu-144S(マッハ 2.35)、下が SR-71(マッハ3・2)。

(Credit: Ralf Roletschek)

172

■ 衝撃波の発生のしくみ

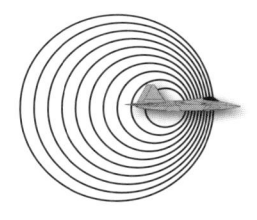

● マッハ1未満で飛行するジェット機
  ジェット機の速さは音速より遅いため、音波は集積せず、衝撃波は発生しません。

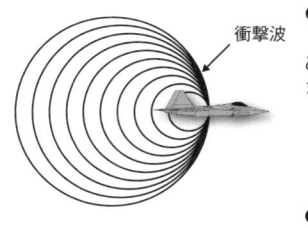

● マッハ1で飛行するジェット機
  ジェット機の速さと音速が等しいため、音波が集積し、衝撃波が発生します。

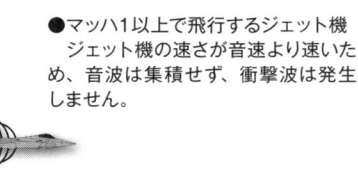

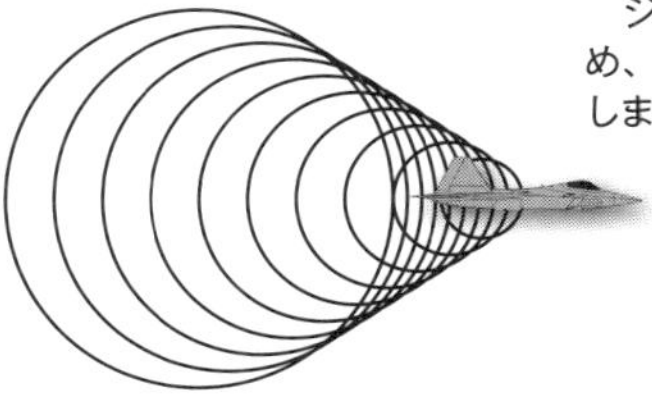

● マッハ1以上で飛行するジェット機
  ジェット機の速さが音速より速いため、音波は集積せず、衝撃波は発生しません。

1999年に釜山近郊上空で、F/A-18 ホーネットが音速を超えた際に発生した雲を撮影した映像。遷音速（マッハ数 0.75 ～ 1.25）飛行の際に、水蒸気が凝結して発生することがあります。
(Credit: Ensign John Gay、http://www.navy.mil/view_single.asp?id=1445)

大気圏に再突入した人工衛星などの周囲に発生する大音響であり、地表に達すると窓ガラスが割れるなどの被害が生じます。これは、飛行体の速度が音速に到達すると、飛行体が飛行中に発生した音波がまとめて一度に来るため、エネルギーが集積されて地上に到達する現象です（前頁の図参照）。

衝撃波は目に見えないのですが、「シュリーレン撮影法」を利用して衝撃波を可視化することができます。これによって、衝撃波が先端や翼の付け根など、「断面積が変わる部分から生じることがよくわかります（左頁上段図参照）。

●スペースシャトルの先端が丸いのはどうしてか

高速飛行物体はほとんどが流線型を成していますが、スペースシャトルの先端は非常に丸くなっています。これはいったいどうしてなのでしょうか。スペースシャトル本体はエンジンを持たない滑空機（グライダー、「空飛ぶレンガ」とも呼ばれます）であって、ある程度大きな翼が必要なのですが、打ち上げ時や大気圏突入時には音速を突破するために衝撃波が発生します。丸い機首は、この衝撃波が機体を損傷しないように衝撃波面を機体から遠ざけるために考えられたものです（左頁下段図参照）。

■ 衝撃波の可視化

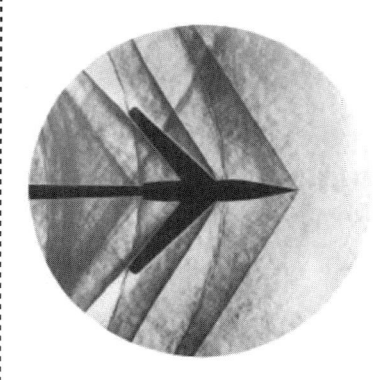

衝撃波は目に見えないのですが、音波が空気の密度を乱すため、これを目に見えるようにするのが「シュリーレン撮影法」です。

これは、気体や液体の密度差によって生じる屈折率の違いを目に見えるようにする手法であり、エンジン燃焼の混合気や燃料の流れ、放電の熱流動、熱伝達、対流、などの流れの研究によく使われます。

■ スペースシャトルの先端

もしスペースシャトルの先端が流線型であったなら、

先端が丸みを帯びていることによって衝撃波が翼に当たりません。

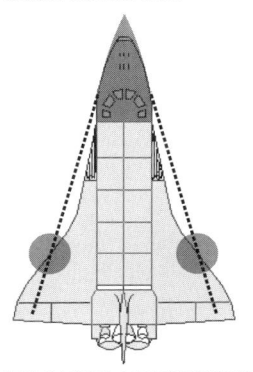

打ち上げ時や大気圏再突入時に衝撃波が翼に当たって損傷してしまいますが、

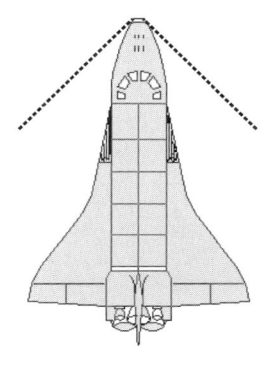

175　第6章　波の物理はどう使う？

4 地震波は縦波・横波・表面波の組み合わせ

●地震波は3種類

地震が発生すると、その振動は、3種類の「地震波」となって地中から地表に伝わります。そのエネルギーが巨大なために、多くの被害を引き起こします。海底の地下で地震が発生すると「津波」が起こることもあります。

気体・液体中の波動は縦波だけですが、固体中の波動には縦波・横波の両方があります。したがって、地震波には大きく分けて3つの種類があります（左頁参照）。

● P波：波の進行方向にそって振動する縦波であり、もっとも早く伝わる
● S波：波の進行方向と直角に振動する横波であり、P波より遅れて伝わる
● 表面波：地球の表面を伝わり、S波と同時かそれより少し遅く伝わる

地震が発生すると、最初にカタカタという小刻みな揺れが到来しますが、これがP波（P：Primary）です。その次にユサユサという大きな揺れが到来しますが、これがS波（S：Secondary）です。これらは地中内部を伝わり、距離の2乗に比例して減衰

■ 3種類の地震波

下に示すのは、2007年9月12日(日本時間)にインドネシアのスマトラ南部の深さ34kmで発生した地震を、気象庁精密地震観測室(長野県長野市松代町)の広帯域地震計で観測した地震波形です。地震の規模はマグニチュード8.4です。

震央距離(震源の真上の地上地点)は5917kmです。初期微動が約460秒です。この場合の震源までの距離を次頁に示します。

(出典:気象庁 平成19年9月 地震・火山月報(防災編)、図2 9月12日のインドネシア、スマトラ南部の地震波系、
http://www.seisvol.kishou.go.jp/eq/gaikyo/monthly200709/20070909sumatera.html)

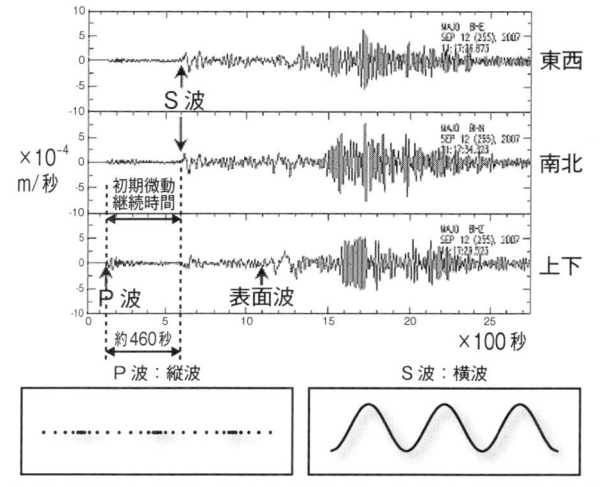

海外で発生した地震は、震央まで距離があるために、P波とS波の速度差が地震波形上に明確に現れます。実体波(P波とS波)と表面波の進み方の違いを下図に表します。

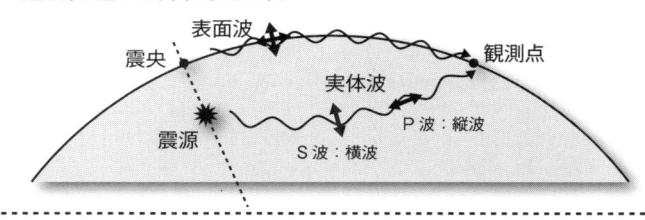

177 第6章 波の物理はどう使う?

します。これに対して表面波は、縦波や横波が干渉しあって生まれ、地表を伝わってP波・S波の後に到来し、S波よりもっとゆっくりとした大きな揺れをもたらします。

表面波は、地表を伝わるために減衰は距離に比例し、なかなか減衰しません。したがって遠距離では表面波が観測されます。

P波の到来からS波の到来までの振動を「初期微動」と呼び、初期微動の継続時間を「初期微動継続時間」といいます（P177参照）。

一般的には、P波の速度は秒速6～7 km／秒、S波の速度は秒速3～4 km／秒といわれ、実際には地殻の構造に影響を受けます。

初期微動が長いほど震源までの距離が大きいことになります。したがって、初期微動継続時

■ **初期微動継続時間から震源距離を求める方法（大森の公式）**

観測点 A から震源までの距離 L_A は、P波の速度 V_P とS波の速度 V_S、それにそれぞれの到達時間 t_P, t_S によって次のように表されます。ここで Δt は初期微動継続時間です。

$$\begin{cases} L_A = V_S t_S = V_P t_P \\ \Delta t = t_S - t_P \end{cases} \qquad \begin{cases} 6 < V_P < 7 \, (km/s) \\ 3 < V_S < 4 \, (km/s) \end{cases}$$

したがって次の関係が成立します。これは「大森の公式」と呼ばれます。

$$\Delta t = \frac{L_A}{V_S} - \frac{L_A}{V_P} = L_A \left(\frac{1}{V_S} - \frac{1}{V_P} \right) \quad \Rightarrow \quad L_A = \Delta t \frac{1}{\frac{1}{V_S} - \frac{1}{V_P}}$$

前頁の図に示した初期微動継続時間４６０秒を代入すると、この値が取りうる範囲は、次のようになります。

$$L_A^{Max} = \Delta t \frac{1}{\frac{1}{V_S^{Max}} - \frac{1}{V_P^{Min}}} = 5520 \qquad L_A^{Min} = \Delta t \frac{1}{\frac{1}{V_S^{Min}} - \frac{1}{V_P^{Max}}} = 2415$$

間から震源距離を求めることができます。この計算式を「大森の公式」といいます（右頁下段コラム参照）。3地点以上の点から震源までの距離がわかると震源と震央の位置が特定できます（下段コラム参照）。

●地震の規模の比較

地震の規模を表すものとして、「マグニチュード」と「震度」というものがあります。「マグニチュード」は「震源地における地震全体の規模」を表し、後者は「どこでどれくらいの揺れが生じたか」という地点ごとの揺れの大きさを表します。

さて、マグニチュードとはいったい何を意味するのでしょうか。その基本的な考えは、「地震波の振幅が1桁大きくなるための指標」であり

■ 3つの観測点から震源までの距離から震源を求める方法

最低3つの観測点から震源までの距離がわかると、まず2つの観測点から描いた3つの球が交わる1つの円が得られます。次にこの円と3つ目の球の交点を求めると2つの点が得られ、そのうちの地下の点が震源です。

震源までの距離を5520km、震源の深さを34kmとして震央距離を求めます。

$$\cos\theta = \frac{(6378-34)^2 + 6378^2 - 5520^2}{2 \times 6378 \times (6378-34)}$$
$$= 0.622$$
$$\theta = 0.900$$
$$L_\theta = r\theta = 6378 \times 0.900 = 5740$$

震央までの正確な距離は5917kmなので、若干の誤差が残りました。これは地殻の構造の差異などによると思われます。

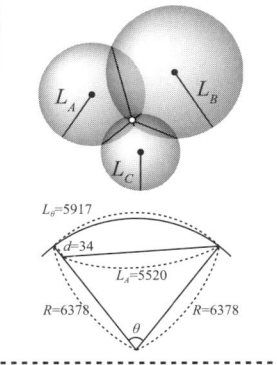

179　第6章　波の物理はどう使う？

（下段コラム参照）、震源地までの距離などさまざまな条件が同一であれば、マグニチュードが1大きくなると地震波の振幅が1桁大きくなるというものです。

「マグニチュード」は、地震のエネルギーに対して定義されたもので、1935年にアメリカの地震学者リヒターが初めて定義しました。下図にそのようすを示します。実に美しい関係が示されています。

地震エネルギーの常用対数は「マグニチュードの1・5倍＋定数」なので、マグニチュードが1大きくなるごとに地震エネルギーは10の1・5乗（約31・6倍）大きくなります。

マグニチュードが2つ大きくなると、エネルギーは1000倍になります（左頁下段コ

■ 地震の振幅とマグニチュード

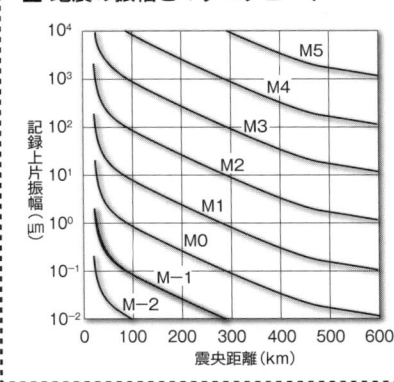

左図は、リヒターの論文に掲載された、地震の振幅とマグニチュードとの関係図です。マグニチュードが1つ上がるごとに、地震の振幅が、1桁上がっていることがわかります。

（出典：An Instrumental Earthquake Magnitude Scale, Bulletin of the Seismological Society of America, by Charles F. Richter, Vol.25, January, 1935）

東日本大震災のマグニチュードは9.0であり、これは間違いなく日本で起きた地震の中で最大のものでした。これより大きな地震は、1960年に起きたマグニチュード9.5のチリ地震だけです。そして地球上で起こりうる地震のマグニチュードの最大値は10といわれています。

地震の研究が進んだのは最近のことで、関東大震災が発生した1923年（大正12年）には、まだマグニチュードさえ発見されていませんでした。関東大震災のマグニチュードは、後に7.9と判明しました。これに比べると、東日本大地震の大きさがいかに大きいかがわかります。東日本大地震では関東大震災の45倍ものエネルギーを発生したことになります。

■ 地震のエネルギーとマグニチュード

地震が発するエネルギーE（単位：ジュール）に対するマグニチュード（M）の定義式を右に示します。

地震のマグニチュード：
$$\log_{10} E = 4.8 + 1.5M$$

難解そうに見えますが、だいじなことは「10のべき乗」の部分です。Mが1大きくなると、エネルギーが10^1.5倍（＝31.6倍）になり、Mが2大きくなると、エネルギーが1000倍になります。

$$E_M = 10^{4.8+1.5M} = 63095 \times \left(10^{1.5}\right)^M$$

$$E_{M+2} = E_M \times 10^3$$

東日本大震災はM＝9.0であり、これに次ぐ日本の地震は、貞観地震（869年）および「明治三陸地震」（1896年）のM＝8.5です。そしてこれらのエネルギー比は10^0.5倍＝3.16倍となります。ちなみに、広島型の原爆のエネルギーは、M＝6.1に相当すると言われており、このことからも大地震は、原爆よりもはるかに大きなエネルギーを持っているということがわかります。

5 津波の速さは水深の平方根に比例する

●水波・海波の物理は少し難しい

気体中の音波（縦波）と固体中の地震波（縦波と横波）に続いて、液体中あるいは液体表面の波（水波）として海の波（海波）を取り上げます。これも縦波だけで、横波は生まれません。

海波も音波や電磁波と同様に中学・高校で解説してほしい「身近な波」なのですが、これらはそうはいきません。音波と地震波までは、与えられた波の形や条件からある程度の議論ができましたが、海波では方程式や境界条件というものをあつかわなくてはならず、その方程式も結構複雑であり、これが海波の解説が大学の力学の「波動」あるいは流体力学の中の「水波・海波」に追いやられている理由です。

●浅水波・深水波・表面波はどう違う

本節では、海波の現象をできるだけわかりやすく解説します。海波の分析では波が

移動する速さ(位相速度)が波の種類によってどう変わるか、という点に注目します。これは海の深さと波の波長の関係で定まります。海深が波長に比べて浅いと海底の影響を受けるからです。

さらに海波が振動するためには、振り子の場合の重力と同様に、「復元力が何か」ということも大きな要因です。波が波として振動するための力は何か、ということです。したがって、海波は大きく次の3つに分けられます。

○表面波：復元力は重力と表面張力
○浅水波：復元力は重力であり、速度は水深の平方根に比例する(含、津波)
○深水波：復元力は重力であり、速度は波長の平方根に比例する(＝重力表面波)

■ 海波の種類(重力波)

水深 d が波長 L の 1/2 より深い場合が深水波、浅い場合が浅水波となります。深水波は海底の影響を受けずに水の粒子は円運動を行いますが、浅水波では海底の影響を受けて楕円運動になります。浅水波の中で波長が水深の 20 倍程度を超える場合は特に「長波」と呼ばれます。

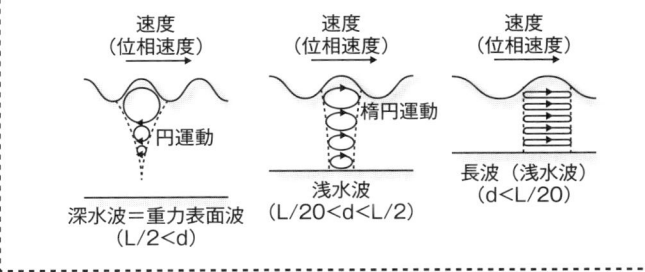

速度(位相速度)　　速度(位相速度)　　速度(位相速度)

円運動　　楕円運動

深水波＝重力表面波　浅水波　　　　　長波(浅水波)
(L/2<d)　　(L/20<d<L/2)　　(d<L/20)

183　第6章　波の物理はどう使う？

●表面波（深水波）の速度を求める

まず、波は主として風力で発生します。ここでは「流体内部では流速が大きければ圧力が小さく、流速が小さければ圧力が大きい」という「ベルヌーイの定理」が作用します（下図参照）。

これを元に戻す力が重力や表面張力です。波長が比較的長い場合には大きな波が発生し、重力がこれを元に戻して振動が発生します。波の波長が非常に小さい場合には、水の表面積を最少にしようとする表面張力も働きます。

次に、重力が波の振動を起こす表面波を考えます（左頁参照）。表面波は水

■ 波の発生

波の頂上をわたる風速は速く

波の谷間では風速は遅い

波の頂上は流速が速いため圧力が小さい

波の頂上は流速が速いため圧力が小さい

波の谷間は流速が遅いため圧力が大きい

位置エネルギーの差が発生
復元力は重力

波長が非常に小さい時は
表面張力が復元力

水はほとんど圧縮されない
押された水は前後に逃げる

「ベルヌーイの定理」とは、エネルギー保存則を流体に適用したものであり、「非圧縮性の流体の運動エネルギー・圧力エネルギー・位置エネルギーの和は不変」という定理です。運動エネルギー ＋ 圧力エネルギーが不変であることから、流速が大きいと圧力が小さいことが導かれます。

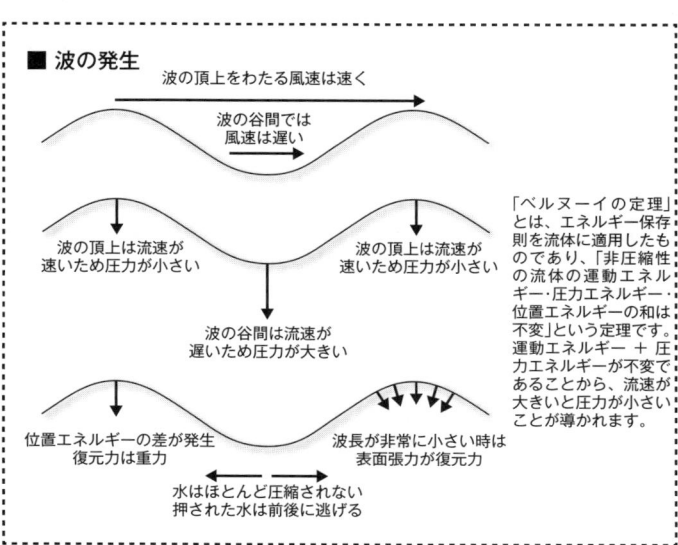

■ 重力表面波と表面張力波

表面の各点が等速円運動をしている波が速度 c で進んでいます。

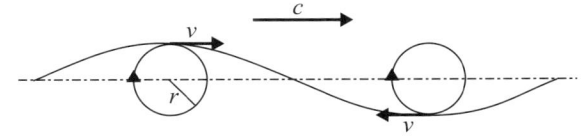

速度 c で進む座標系から見ると、質量 m の水の粒子の速度は、右向きを正とした場合、頂点では $v-c$、底では $-v-c$ となります。

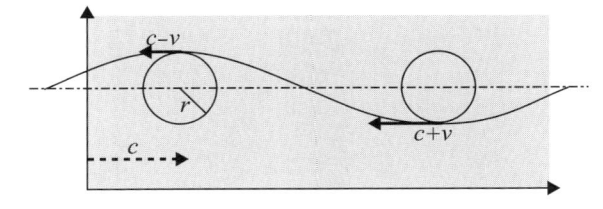

波の中の水の粒子のエネルギー保存則を書きだします。

$$\frac{1}{2}m(c-v)^2 + mg(2r) = \frac{1}{2}m(c+v)^2$$

展開整理すると次のようになります。

$$2mcv = 2mgr \Rightarrow cv = gr$$

一方、波の位相速度 v は周期、振動数を経由して波長を使って表します。

$$v = r\omega = r\frac{2\pi}{T} = 2\pi rf = 2\pi r \cdot \frac{c}{\lambda}$$

以上の2つの式から、波の速度を波長を使って表現することができ、他はすべて定数となります。重力表面波の速度は波長の平方根に比例する、ということになります。

$$\therefore cv = 2\pi r \cdot \frac{c^2}{\lambda} = gr \Rightarrow c = \sqrt{\frac{g\lambda}{2\pi}} = 1.25\sqrt{\lambda}$$

波長が短いと、振動を起こす復元力として表面張力も効いてきます。波長が短いと重力表面波が主になり、波長が長いと表面張力波が主になります。
表面張力波の導出は省略します。

$$c = \sqrt{\frac{g\lambda}{2\pi} + \frac{2\pi T}{\lambda \rho}}$$

重力表面波　表面張力波

185　第6章　波の物理はどう使う？

面付近だけが振動している波であり、重力波の振幅は、水面から離れると急速に小さくなります。重力表面波は、風と重力によって円運動を起こします。そうすると、波の頂点の運動エネルギー＋位置エネルギーが波の底の運動エネルギーに変わり、この関係から波の速度が波長とどのような関係にあるのかがわかります。重力表面波の速度は、波長の平方根に比例します。

表面波は波長が十分短いため水深の影響を受けませんが、これは水深が波長に比べて十分大きい場合にもあてはまります。したがって、非常に紛らわしい話ですが、表面波と深水波は同一のものです。

波長がさらに短いと、振動を起こす復元力として表面張力も効いてきます。波長が数cm以上の場合は重力表面波が主になり、波長が約1～2cm以下の場合は表面張力波が主になります。表面張力波の場合は、速度は、波長の平方根の逆数に比例します。

● **浅水波の速度を求める**

浅水波は、波の運動が水深の影響を受けるほど、波長が水深に比べて比較的短い場合の海波です。水深が波長の半分程度より浅い場合には、左頁下段の図に示すように、

「海水の流量が不変」という条件が加わって、「波の速度は水深の平方根に比例する」ということになります。

● 津波の速さを求める

津波は、波長は数kmから数百kmと非常に長い「長波」と呼ばれる浅水波です。これは海底から海面までのすべての海水が巨大な水の塊となって沿岸に押し寄せることを意味します。

太平洋の平均水深は約4000mであり、津波が太平洋を越える速さは、下に示した式から毎秒約200m、時速では720kmであり、これはジェット機並みの速さです。1960年のチリ津波は、日本海岸まで約17000kmの距離を約23時間で渡ってきました。

■ 浅水波の速度

波長に比べて水深が比較的浅い場合には、水深dも考慮しなければなりません。この場合、波の速度cで移動する座標系から見ると、波の頂上の地点における水の流量と、波の谷間の地点における流量は等しくなります。

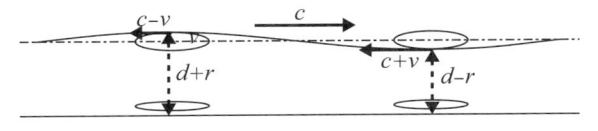

したがって、流量を速度×断面積（ここでは高さ）とみると、次の関係が成立します。

$$(c-v)(d+r) = (c+v)(d-r) \Rightarrow rc = dv$$

この関係を、P.185で得られた $cv = gr$ の関係に代入すると、右の関係が得られます。

$$cv = gr = g \cdot \frac{dv}{c} \Rightarrow c = \sqrt{dg} = 3.13\sqrt{d}$$

6 音と光のドップラー効果

●音のドップラー効果

救急車・消防車・パトカーのサイレンや列車・飛行機の騒音などが、「近づいてくる」場合には高く聞こえ、遠ざかる場合には低く聞こえます。同様に、列車に乗っていて踏切に近づくときには警報音が高く聞こえ、通り過ぎた後は低く聞こえます。これが「ドップラー効果」です。これらの例を考えるには、「音源で発する音」と「観測者に聞こえる音」をそれぞれ「音速＝波長×周波数」の関係を記述し、「観測者に聞こえる音の周波数」を計算します。

○音源が観測者に近づく場合

音波が1秒間でVm移動する間に音源が発したf個の音波は$V-v_s$mの距離にあり、この関係からこの音波の波長λ_Aが得られます。この音波の速度は音源の運動に無関係に、速度Vmで観測者に聞こえるので、周波数はV/λ_Aから得られます。音源が観測者から遠ざかる場合も同様です(前頁上段図参照)。

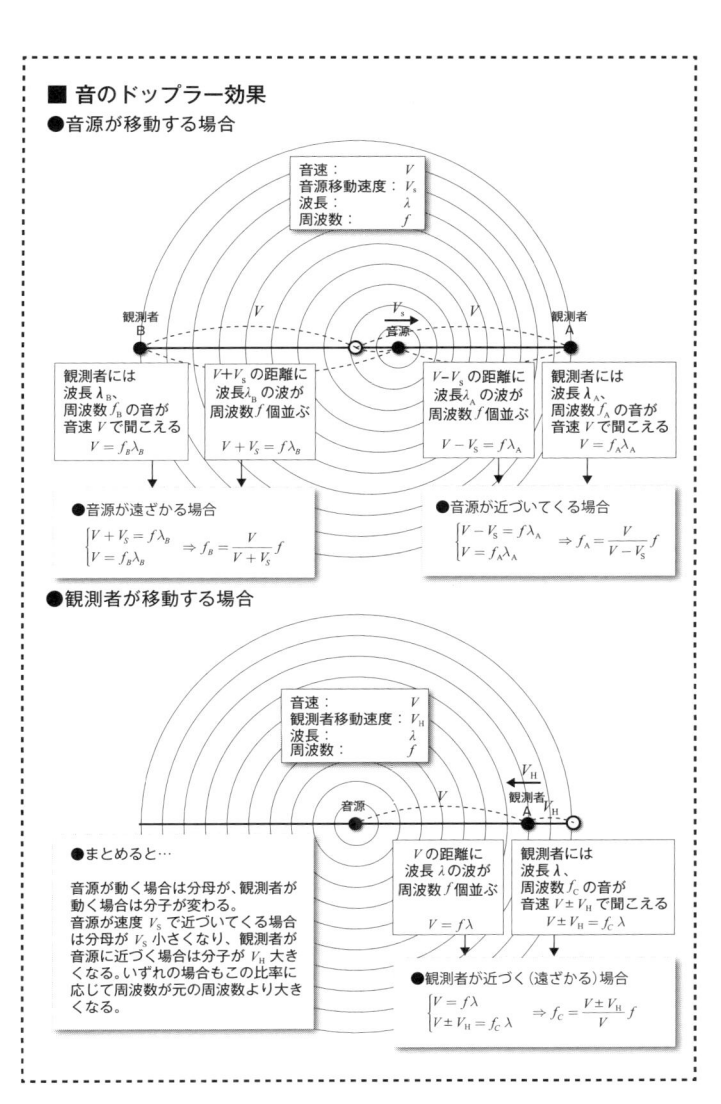

■ 音のドップラー効果

●音源が移動する場合

音速： V
音源移動速度： V_S
波長： λ
周波数： f

観測者B　観測者A　音源

観測者には波長 λ_B、周波数 f_B の音が音速 V で聞こえる
$V = f_B \lambda_B$

$V+V_S$ の距離に波長 λ_B の波が周波数 f 個並ぶ
$V + V_S = f \lambda_B$

$V-V_S$ の距離に波長 λ_A の波が周波数 f 個並ぶ
$V - V_S = f \lambda_A$

観測者には波長 λ_A、周波数 f_A の音が音速 V で聞こえる
$V = f_A \lambda_A$

●音源が遠ざかる場合

$\begin{cases} V + V_S = f \lambda_B \\ V = f_B \lambda_B \end{cases} \Rightarrow f_B = \dfrac{V}{V + V_S} f$

●音源が近づいてくる場合

$\begin{cases} V - V_S = f \lambda_A \\ V = f_A \lambda_A \end{cases} \Rightarrow f_A = \dfrac{V}{V - V_S} f$

●観測者が移動する場合

音速： V
観測者移動速度： V_H
波長： λ
周波数： f

音源　観測者A

●まとめると…

音源が動く場合は分母が、観測者が動く場合は分子が変わる。
音源が速度 V_S で近づいてくる場合は分母が V_S 小さくなり、観測者が音源に近づく場合は分子が V_H 大きくなる。いずれの場合もこの比率に応じて周波数が元の周波数より大きくなる。

V の距離に波長 λ の波が周波数 f 個並ぶ
$V = f \lambda$

観測者には波長 λ、周波数 f_C の音が音速 $V \pm V_H$ で聞こえる
$V \pm V_H = f_C \lambda$

●観測者が近づく(遠ざかる)場合

$\begin{cases} V = f \lambda \\ V \pm V_H = f_C \lambda \end{cases} \Rightarrow f_C = \dfrac{V \pm V_H}{V} f$

○観測者が音源に近づく場合

音源が1秒間に発したf個の音波は、音源が1秒間に進むVmの距離に並び、この関係からこの音波の波長λが得られます。その1秒間で観測者はvm近づき、観測者にはV+vmの距離にある波長λの音波が聞こえるので、周波数は(V+vm)/λから得られます。観測者が音源から遠ざかる場合も同様です(前頁下段図参照)。

●光のドップラー効果

高校で学ぶのは「音のドップラー効果」だけですが、宇宙膨張について書かれた書籍を読むと、かならず「光のドップラー効果」が登場します。考え方は同じです。

宇宙膨張の発端は1929年にハッブルが発

■ 光のドップラー効果（赤方偏移と青方偏移）

移動する天体からの光は、ドップラー効果によりその前方は波長が縮み、後方は波長が伸びます。この結果、後退する天体からの光の波長は延びて「赤方偏移」（可視光が赤外線の方に偏移する、という意味）が生じます。

もし天体が近づいていれば、天体からの光の波長が縮み、「青方偏移」が生じます。

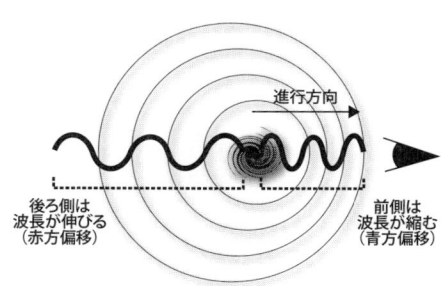

後ろ側は波長が伸びる（赤方偏移）　　進行方向　　前側は波長が縮む（青方偏移）

見した「ハッブルの法則」から始まりました。これは「1メガパーセク離れた銀河は秒速530kmで遠ざかっている」というもので、「遠い銀河ほど速く遠ざかっている」ことは当時は驚愕の事実でした。

パーセク（pc）は光年と同様に天体の距離を表す単位であり、1メガパーセクは326万光年に相当します。

彼は特殊な変光星を観測して18個の銀河の地球からの距離を測定し、一方、銀河が発する光の「赤方偏移」（ドップラー効果、右頁下段図参照）を測定して銀河の後退速度を測定した結果からこの法則を発見しました。

なお、この法則から宇宙年齢の概算値を得ることができます（下段コラム参照）。

■ ハッブルの法則と宇宙年齢

ハッブルの法則は、次のように表せます。
　　　　　　後退速度＝天体までの距離×比例定数
この比例定数は「ハッブル定数」と呼ばれます。この法則を次のように変形すると、左辺は「天体が後退にかかった時間」を表し、これが宇宙の年齢です。計算は単位換算ばかりなので、高校生でもできるものです。
　　　　　　天体までの距離／後退速度＝1／ハッブル定数
ハッブル定数の最新の値「73.8km/s/Mpc」から、宇宙の年齢が「132.4億年」と計算できます。ただし実際には、宇宙の加速膨張・減速膨張を考える必要があり、これを勘案した計算結果が「137億年」です。

$$t = \frac{1}{H} = \frac{1}{73.8 km/s/\text{Mpc}} = \frac{3.26\text{ly} \times 10^6}{73.8 km/s} = \frac{3.26 \times 10^6}{73.8} \frac{\text{ly}}{km/s}$$

$$= \frac{3.26 \times 10^6}{73.8} \frac{299{,}792\ km}{km}(年) = \frac{3.26 \times 10^6 \times 299{,}792}{73.8}(年) = 132.43 \times 10^8 (年)$$

■ 物理Ⅰ・Ⅱと物理基礎・物理の比較

2012年から、従来の物理Ⅰ・物理Ⅱ（各3単位）に代わって物理基礎（2単位）・物理（4単位）の導入が開始されます。これによって「波動」が「物理」に移り、単位数も調整されて、すっきりとした配分になりました。

高校 物理Ⅰ（3単位）

(1)	電気	ア	生活の中の電気	(ア)	電気と生活
				(イ)	モーターと発電機
				(ウ)	交流と電波

(2)	波	ア	いろいろな波		
		イ	音と光	(ア)	音の伝わり方
				(イ)	音の干渉と共鳴
				(ウ)	光の伝わり方
				(エ)	光の回折と干渉

(3)	運動とエネルギー	ア	物体の運動	(ア)	日常に起こる物体の運動
				(イ)	運動の表し方
				(ウ)	運動の法則
		イ	エネルギー	(ア)	エネルギーの測り方
				(イ)	運動エネルギーと位置エネルギー
				(ウ)	熱と温度
				(エ)	電気とエネルギー
				(オ)	エネルギーの変換と保存

高校 物理Ⅱ（3単位）

(1)	力と運動	ア	物体の運動	(ア)	平面上の運動
				(イ)	運動量と力積
		イ	円運動と万有引力	(ア)	円運動と単振動
				(イ)	万有引力による運動

(2)	電気と磁気	ア	電界と磁界	(ア)	電荷と電界
				(イ)	電流による磁界（含．コンデンサー）
		イ	電磁誘導と電磁波	(ア)	電磁誘導
				(イ)	電磁波

(3)	物質と原子（選択）	ア	原子、分子の運動	(ア)	物質の三態
				(イ)	分子の運動と圧力
		イ	原子、電子と物質の性質	(ア)	原子と電子
				(イ)	固体の性質と電子

(4)	原子と原子核（選択）	ア	原子の構造	(ア)	粒子性と波動性
				(イ)	量子論と原子の構造
		イ	原子核と素粒子	(ア)	原子核
				(イ)	素粒子と宇宙

物理基礎（2単位）

(1)	物体の運動とエネルギー	ア	運動の表し方	(ア)	物理量の測定と扱い方
				(イ)	運動の表し方
				(ウ)	直線運動の加速度
		イ	様々な力とその働き	(ア)	様々な力
				(イ)	力のつり合い
				(ウ)	運動の法則
				(エ)	物体の落下運動
		ウ	力学的エネルギー	(ア)	運動エネルギーと位置エネルギー
				(イ)	力学的エネルギーの保存

(2)	様々な物理現象とエネルギーの利用	ア	熱	(ア)	熱と温度
				(イ)	熱の利用
		イ	波	(ア)	波の性質
				(イ)	音と振動
		ウ	電気	(ア)	物質と電気抵抗
				(イ)	電気の利用
		エ	エネルギーとその利用	(ア)	エネルギーとその利用
		オ	物理学が拓く世界	(ア)	物理学が拓く世界

高校 物理（4単位）

(1)	様々な運動	ア	平面内の運動と剛体のつり合い	(ア)	曲線運動の速度と加速度
				(イ)	斜方投射
				(ウ)	剛体のつり合い
		イ	運動量	(ア)	運動量と力積
				(イ)	運動量の保存
				(ウ)	はね返り係数
		ウ	円運動と単振動	(ア)	円運動
				(イ)	単振動
		エ	万有引力	(ア)	惑星の運動
				(イ)	万有引力
		オ	気体分子の運動	(ア)	気体分子の運動と圧力
				(イ)	気体の内部エネルギー
				(ウ)	気体の状態変化

(2)	波	ア	波の伝わり方	(ア)	波の伝わり方とその表し方
				(イ)	波の干渉と回折
		イ	音	(ア)	音の干渉と回折
				(イ)	音のドップラー効果
		ウ	光	(ア)	光の伝わり方
				(イ)	光の回折と干渉

(3)	電気や磁気	ア	電気と電流	(ア)	電荷と電界
				(イ)	電界と電位
				(ウ)	コンデンサー
				(エ)	電気回路
		イ	電流と磁界	(ア)	電流による磁界
				(イ)	電流が磁界から受ける力
				(ウ)	電磁誘導
				(エ)	電磁波の性質とその利用

(4)	原子	ア	電子と光	(ア)	電子
				(イ)	粒子性と波動性
		イ	原子と原子核	(ア)	原子とスペクトル
				(イ)	原子核
				(ウ)	素粒子
		ウ	物理学が築く未来	(ア)	物理学が築く未来

第 **7** 章

電磁気の物理は
どう使う？

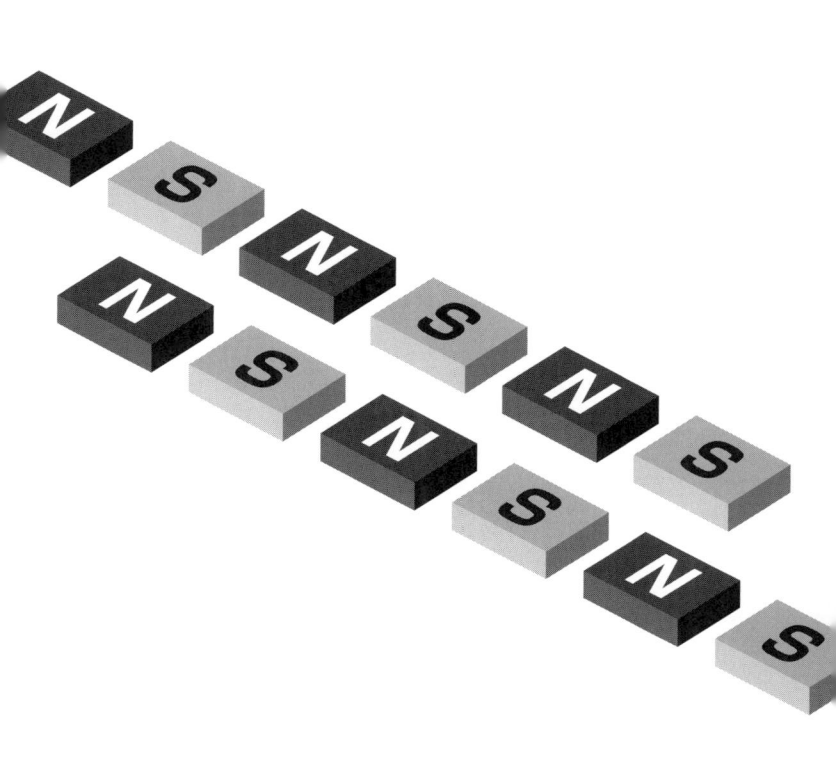

1 電流と磁場は表裏一体

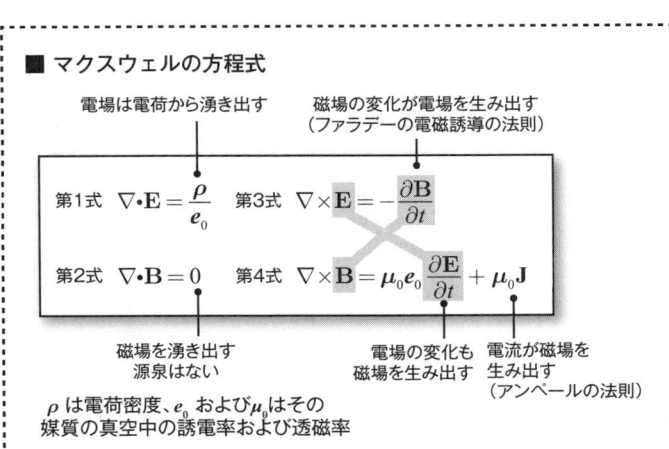

●電磁場とマクスウェルの方程式

電動機は磁場の中で電流を流して回転する「力」を生み出すものですが、発電機は磁場の中で導体を回転させて「電流」を生み出すものです。本節では電磁気学の最重要方程式「マクスウェルの方程式とローレンツ力の違いを解説します。

マクスウェルの方程式は、「電流が流れれば磁気が生ずる」「磁場があれば電流が生まれる」という複雑な関係をものの見ごとに表した、19世紀における物理学の最大の発見です。ただしこの方程式からはローレンツ力は現れま

■ マクスウェルの方程式

電場は電荷から湧き出す　　磁場の変化が電場を生み出す
（ファラデーの電磁誘導の法則）

第1式　$\nabla \cdot \mathbf{E} = \dfrac{\rho}{e_0}$　　第3式　$\nabla \times \mathbf{E} = -\dfrac{\partial \mathbf{B}}{\partial t}$

第2式　$\nabla \cdot \mathbf{B} = 0$　　第4式　$\nabla \times \mathbf{B} = \mu_0 e_0 \dfrac{\partial \mathbf{E}}{\partial t} + \mu_0 \mathbf{J}$

磁場を湧き出す　　　　　電場の変化も　　　電流が磁場を
源泉はない　　　　　　　磁場を生み出す　　生み出す
　　　　　　　　　　　　　　　　　　　　　（アンペールの法則）

ρ は電荷密度、e_0 および μ_0 はその媒質の真空中の誘電率および透磁率

■ 電磁気学に使われる発散と回転のベクトル

●ベクトルの発散
下に示す *grad*（gradient）は少し変わったベクトルであり、3方向の偏微分演算子にそれぞれの方向の単位ベクトルを組み合わせたものです。そして「偏微分」とは、変数がたくさんある場合に「他の変数は固定して目的の変数だけで微分する」ということです。

$$\begin{cases} \mathbf{A} = (A_x, A_y, A_z) \\ grad = \nabla = \mathbf{i}\frac{\partial}{\partial x} + \mathbf{j}\frac{\partial}{\partial y} + \mathbf{k}\frac{\partial}{\partial z} \end{cases}$$

まずはベクトル $\mathbf{A}$ と *grad* の内積、つまり各方向の成分の積の和を求めると、これは「発散」（divergence）と呼ばれます。これは各地点において物理量が発生・消滅すること…「湧き出し」「消失」を表します。

$$\nabla \cdot \mathbf{A} = \left(\frac{\partial}{\partial x}, \frac{\partial}{\partial y}, \frac{\partial}{\partial z}\right)(A_x, A_y, A_z) = \frac{\partial A_x}{\partial x} + \frac{\partial A_y}{\partial y} + \frac{\partial A_z}{\partial z}$$

$$div\,\mathbf{A} = \nabla \cdot \mathbf{A} = \frac{\partial A_x}{\partial x} + \frac{\partial A_y}{\partial y} + \frac{\partial A_z}{\partial z}$$

●湧き出し

●ベクトルの回転
grad とベクトルの外積も物理量の表現には非常に便利な道具です。まず、この計算を実行してみましょう。

●消失

$$\begin{cases} \mathbf{a} = (a_x, a_y, a_z),\, \mathbf{b} = (b_x, b_y, b_z) \\ \mathbf{a} \times \mathbf{b} = (a_y b_z - a_z b_y, a_z b_x - a_x b_z, a_x b_y - a_y b_x) \\ \qquad = \mathbf{i}(a_y b_z - a_z b_y) + \mathbf{j}(a_z b_x - a_x b_z) + \mathbf{k}(a_x b_y - a_y b_x) \end{cases}$$

$$\nabla \times \mathbf{A} = \left(\frac{\partial}{\partial x}, \frac{\partial}{\partial y}, \frac{\partial}{\partial z}\right) \times (A_x, A_y, A_z)$$

$$= \left(\frac{\partial}{\partial y}A_z - \frac{\partial}{\partial z}A_y,\, \frac{\partial}{\partial z}A_x - \frac{\partial}{\partial x}A_z,\, \frac{\partial}{\partial x}A_y - \frac{\partial}{\partial y}A_x\right)$$

$$rot\,\mathbf{A} = \nabla \times \mathbf{A} = \left(\frac{\partial A_z}{\partial y} - \frac{\partial A_y}{\partial z}\right)\mathbf{i} + \left(\frac{\partial A_x}{\partial z} - \frac{\partial A_z}{\partial x}\right)\mathbf{j} + \left(\frac{\partial A_y}{\partial x} - \frac{\partial A_x}{\partial y}\right)\mathbf{k}$$

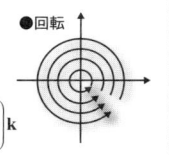

●回転

このベクトルが回転を表す、といわれてすぐにわかる人は相当慣れた方だと思います。また理論的に説明するのも結構手間がかかります。ここでは次のベクトルとの対比で納得しておいてください。次のベクトルは、あるベクトルを回転させることを表していますが、*rot* は、時間の進展に対応した回転を表します。

角度 β の回転行列　　　　z軸周りの角度 β の回転

$$\begin{pmatrix} \cos\beta & -\sin\beta & 0 \\ \sin\beta & \cos\beta & 0 \\ 0 & 0 & 1 \end{pmatrix} \begin{pmatrix} \cos\alpha \\ \sin\alpha \\ 1 \end{pmatrix} = \begin{pmatrix} \cos\alpha\cos\beta - \sin\alpha\sin\beta \\ \cos\alpha\sin\beta + \sin\alpha\cos\beta \\ 1 \end{pmatrix} = \begin{pmatrix} \cos(\alpha+\beta) \\ \sin(\alpha+\beta) \\ 1 \end{pmatrix}$$

せん。ローレンツ力はマクスウエルの方程式と両輪をなして電磁気学を構成します。

マクスウエルの方程式は、若干難しい「ベクトルの偏微分」とこれを用いた2つの特殊なベクトル演算「∇・」(発散)と、「∇×」(回転)という数学を用いるために、大学で学習することになっています(前頁参照)が、この方程式とベクトルの外積を理解すると、電磁気の全体像が見えてきて、磁場の発生や電磁誘導などが理解しやすくなります。

この方程式は、電磁気学のみならずすべての物理学における波動の方程式のモデルとして活躍し、流体力学、量子力学における物質の波動や、一般相対論における重力波の波動の取り扱いもこの方程式から出発します。

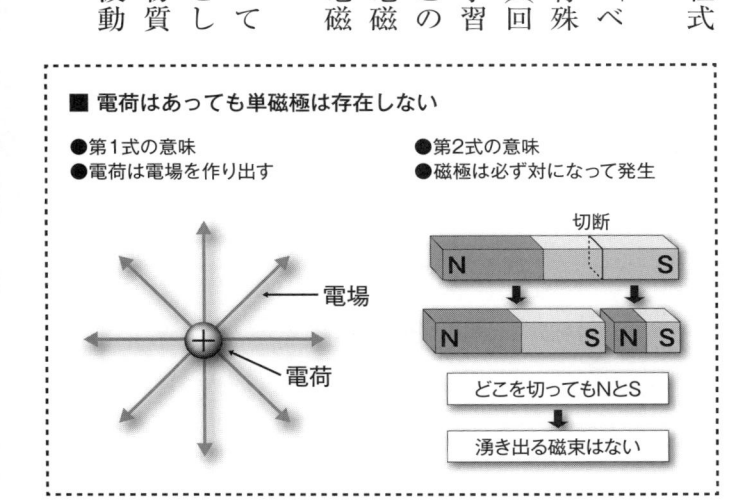

■ **電荷はあっても単磁極は存在しない**

● 第1式の意味
● 電荷は電場を作り出す

(電場が電荷から放射状に広がる図)
→ 電場
→ 電荷

● 第2式の意味
● 磁極は必ず対になって発生

(棒磁石の切断図)
切断
N ─ S
↓
N ─ S S ─ N

| どこを切ってもNとS |
| 湧き出る磁束はない |

196

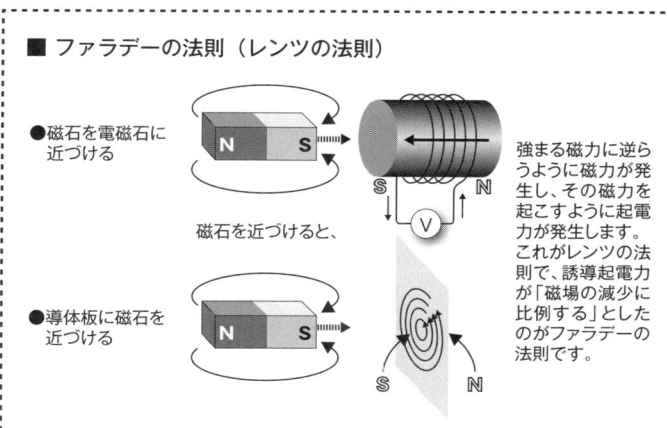

● 電荷はあっても単磁極は存在しない

第1式は静電場（E）が電荷（電荷密度 ρ）から湧き出すことを、第2式は湧き出る磁場はないことを表しています。

磁石はどこまで細かく割ってもN極・S極の片方だけというもの（単磁極＝モノポール）が存在しないためです。すべての磁場の変化は、電場の変化か電流からしか生まれません（右頁下段図参照）。

● 変動電場の発生は磁場が変動した場合だけ

第3式は、磁場が変化すると、「ファラデーの法則」により電場が発生し、逆にこの現象でしか「電場の変動」は発生しません。発生

■ ファラデーの法則（レンツの法則）

● 磁石を電磁石に近づける

磁石を近づけると、

● 導体板に磁石を近づける

強まる磁力に逆らうように磁力が発生し、その磁力を起こすように起電力が発生します。これがレンツの法則で、誘導起電力が「磁場の減少に比例する」としたのがファラデーの法則です。

197　第7章　電磁気の物理はどう使う？

する電場の向きは「フレミングの右手の法則」にしたがい、発電機はこの法則にしたがって発電します（P208参照）。

その他「渦電流」も電磁誘導から生ずるものであり、これは非接触探傷装置、金属探知機や渦電流ブレーキなどに使用されています（前頁参照）。

● 磁場発生の源泉は電場変動と電流の2つ

第4式は、電流（J）の周りに磁場ができ（アンペールの法則）、電場（E）が変化すると磁場が生まれることを表します。向きは「フレミングの左手の法則」にしたがいます。

これが電磁波の発生の基本的なモデルです。下図に示すように、電場が変動してまわりに

■ **アンペールの法則と電磁場の発生**

● 第4式の意味：変動する電場は磁場を発生

電流の周りには磁場が発生

時間的に変化する電場 → 時間的に変化する磁場 → 電磁波

考え方の図

電流の周りに発生する磁場は、右手の親指を電流の流れる向きに合わせて電流を握った場合の他の指の方向に一致します。

電場
磁場
電磁波の進行方向
正しい電磁波の図

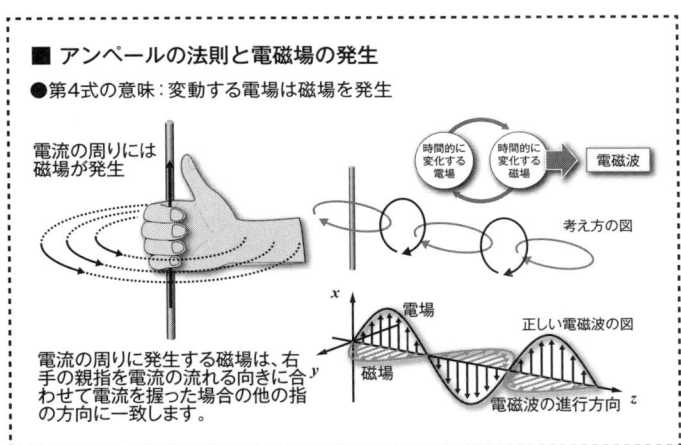

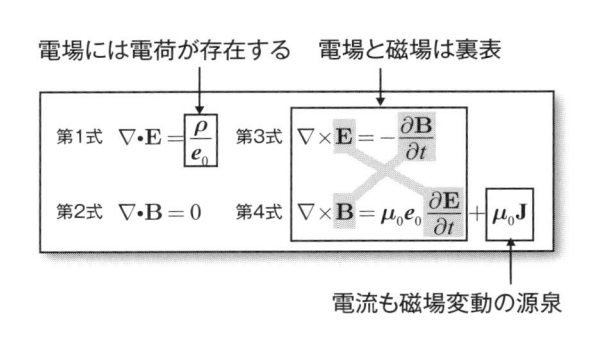

● 電場と磁場の違い

マクスウェルの方程式では、磁場の変動からの電場の発生、電場の変動からの磁場の発生においては電場と磁場は完全に対称的ですが、次の2点においては対称的ではないことに注目してください（下図参照）。

○ 電場の変動のみならず電流の存在からも磁場が発生する（「磁流」というものはない）
○ 磁場には単磁極はないが電場には電荷が存在する（単磁極はない）

マクスウェルの方程式では、磁場が発生し、その発生した磁場が電場を生み、その電場がまた磁場を生むという繰り返しの過程から電磁波が生じ、これが光速で無限の彼方まで情報を伝達します（右頁下図参照）。

■ 電場と磁場の違い

電場には電荷が存在する　電場と磁場は裏表

第1式　$\nabla \cdot \mathbf{E} = \dfrac{\rho}{e_0}$　　第3式　$\nabla \times \mathbf{E} = -\dfrac{\partial \mathbf{B}}{\partial t}$

第2式　$\nabla \cdot \mathbf{B} = 0$　　第4式　$\nabla \times \mathbf{B} = \mu_0 e_0 \dfrac{\partial \mathbf{E}}{\partial t} + \mu_0 \mathbf{J}$

電流も磁場変動の源泉

2 電動機（モーター）はどうして回る

●電動機の原理はフレミングの左手の法則

「磁場の中にある電流は磁場に垂直に力を受ける」という、その力の向きを表すのが「フレミングの左手の法則」です。「FBI」といって覚えた方もおられるでしょう（左頁参照）。

電磁気学では人名がやたらとたくさん登場します。磁場の中で運動する荷電粒子は「ローレンツ力」を受けます。同様に電流も磁場の中で力を受け、こちらは「アンペール力」と呼ばれます。荷電粒子の流れ＝電流なので、両者は同じものを表します。

実は電動機のしくみは前節で述べた「マクスウェルの方程式」では説明できません。この方程式には質量が登場しない以上、力も説明できないのです。したがって、電磁場の相互の関係を示すマクスウェルの方程式と、電荷や電流が受けるローレンツ力・アンペール力をあわせて電磁気力が説明されます。なお、本書では磁力の流れを「磁場」と呼びますが、工学系では「磁界」ということがあります。

●フレミングの左手の法則はベクトルの外積で表される

磁場中で電流が受ける力を利用する最大の用途は電動機でしょう。模型用の小型モーターから新幹線の駆動系まで、世の中で電力で回転するものの大半はこのしくみによって回転しています。

これらはフレミングの左手の法則にしたがいますが、この関係はベクトルの外積で表すことができます（下図参照）。ベクトルの内積は数値ですが外積はベクトルであり、外積を求める演算は、順番を変えると符号が反対になるので注意が必要です（A×B＝－B×A）。

■ フレミングの左手の法則とベクトルの外積

●フレミングの左手の法則

- 力の方向 F
- 磁界の方向 B
- 電流の流れる方向 I

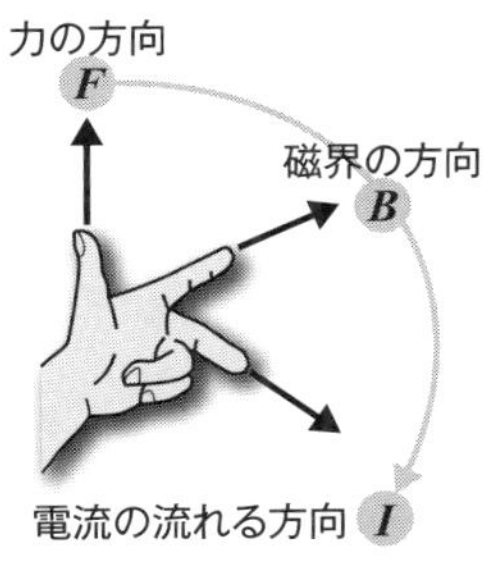

●単位長電流が受ける力 $F = I \times B$
（アンペール力）

●荷電粒子が受ける力 $F = q \cdot v \times B$
（ローレンツ力） $\overline{\text{電流 磁場}}$

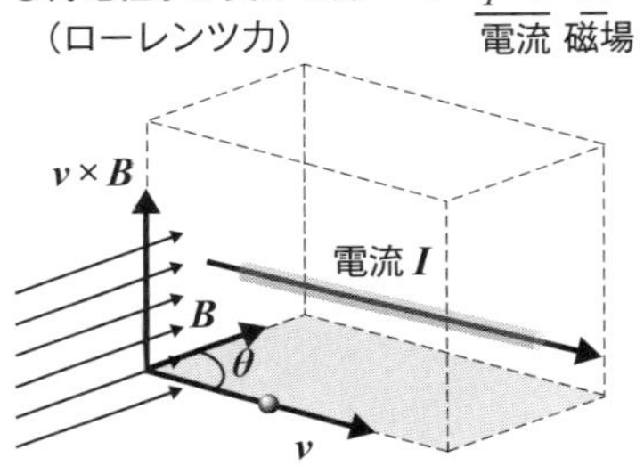

●ベクトルの外積

$a \times b$ （ベクトル） ⇔ 内積 $a \cdot b = |a||b|\cos\theta$ （スカラー）
$|a \times b| = |a||b|\sin\theta$

これはフレミングの左手の法則にも適用されます。つまり、電流の向きと磁場の向きを入れ替えると力は下向きになります。

● 電動機のしくみ

電動機の根本は「回転子」と「整流子」です。整流子がコイルを持つ回転子に電流を渡します（左頁参照）。磁場内の電流が受ける力が回転子を半回転させ、そこで電流の向きを整流子によって反転させると、今度は電流は反対向きの力を受けるので、回転運動を継続します。

● ローレンツ力を利用したシステム

磁場中で電流が受ける力を使用したものが「超伝導電磁推進船」やレールガンです。超伝

■ **超伝導電磁推進船**

世界初の電磁推進船「ヤマト1」は、総トン数185トン、全長30.0m、幅10.39mのアルミ合金製で、最大速力8ノット（時速15km）の実験船であり、1992年に進水して海上航行実験に成功しました。海水中に磁場を構成して電流を流すと、海水を後ろに押す力が発生し、これを推進力として前進します。

現在は、神戸海洋博物館に展示されています。

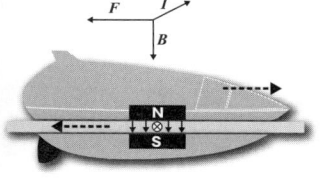

（写真提供：神戸海洋博物館）

■ 電動機の整流子・回転子のしくみ

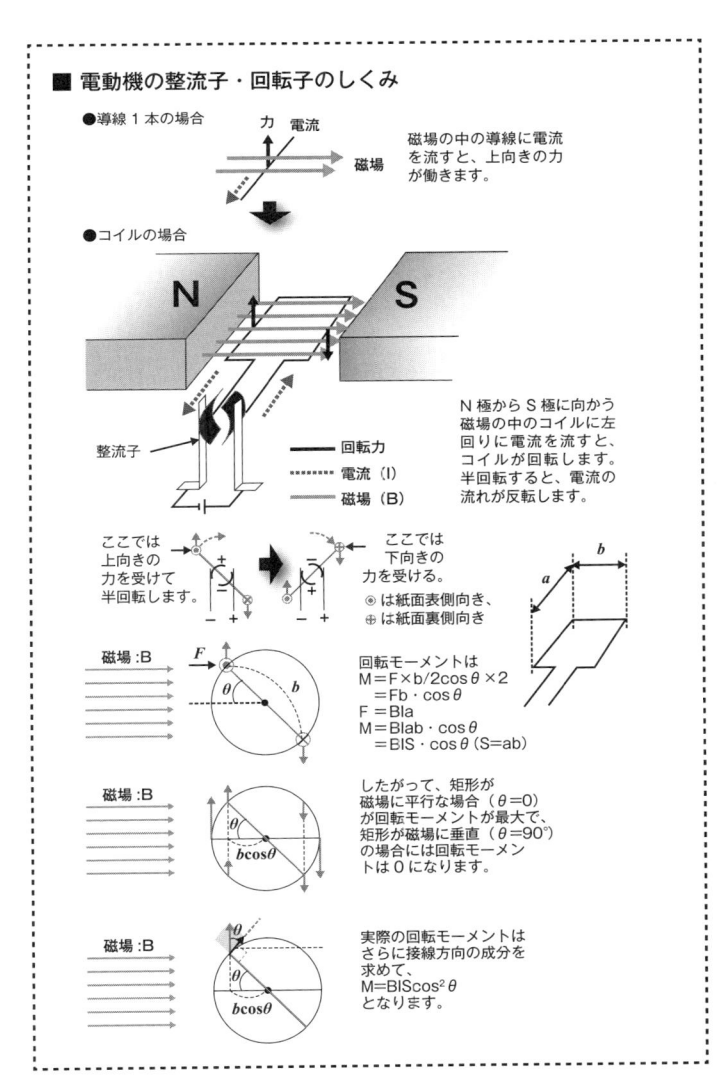

● 導線1本の場合

磁場の中の導線に電流を流すと、上向きの力が働きます。

● コイルの場合

N極からS極に向かう磁場の中のコイルに左回りに電流を流すと、コイルが回転します。半回転すると、電流の流れが反転します。

整流子

—— 回転力
----- 電流（I）
━━ 磁場（B）

ここでは上向きの力を受けて半回転します。

ここでは下向きの力を受ける。

⊙は紙面表側向き、⊕は紙面裏側向き

磁場：B

回転モーメントは
$M = F \times b/2 \cos\theta \times 2$
$= Fb \cdot \cos\theta$
$F = BIa$
$M = BIab \cdot \cos\theta$
$= BIS \cdot \cos\theta$ （S=ab）

磁場：B

したがって、矩形が磁場に平行な場合（$\theta=0$）が回転モーメントが最大で、矩形が磁場に垂直（$\theta=90°$）の場合には回転モーメントは0になります。

磁場：B

実際の回転モーメントはさらに接線方向の成分を求めて、
$M = BIS\cos^2\theta$
となります。

導電磁推進船(前々頁下図参照)は、回転部分がなく騒音が小さいのが特徴で、映画『レッド・オクトーバーを追え!』に登場する「キャタピラー・ドライブ」は同様のシステムです。

レールガンは火薬を利用するより高速な発射を可能にします。またレールガンは兵器としての目的の他、ロケットよりも安価で打ち上げることができ、ロケットの代替手段として研究されています。これを大量物資の輸送に利用すると「マス・ドライバー」となります。

磁場中で荷電粒子に電位差を与えて加速すると、左頁に示すように荷電粒子はラセン状の軌道を描きます。これを繰り返すと、小型の装置で粒子を加速することができます。これが粒子加速器「サイクロトロン」です。

■ **レールガンのしくみ**

発射体は2本のレールの間にはさみます。2本のレールに電流を流すと、アンペールの法則にしたがって周囲に磁場が生じ、発射体に加わる磁場は1方向になります。発射体の被覆が導体ならば、発射体には前方に向けた推力が生じます。発射体には燃料が不要で、発射機は完全に再利用できます。

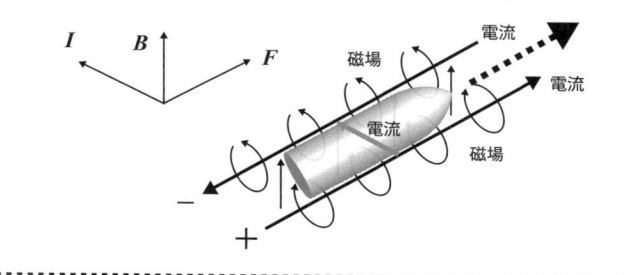

■ 粒子加速器のしくみ

●電子の運動（力：電位差）

電位差のある電極の間に電子を投入すると、その電位差によって電子が加速されます（電荷：負電荷 e）。

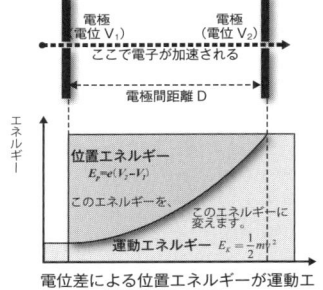

電極（電位 V_1）　電極（電位 V_2）
ここで電子が加速される
電極間距離 D

位置エネルギー $E_p = e(V_2 - V_1)$
このエネルギーを、このエネルギーに変えます。
運動エネルギー $E_K = \frac{1}{2}mv^2$

電位差による位置エネルギーが運動エネルギーに変換されます。

$$E = E_P + E_K$$
$$F = m\alpha = eE = e\frac{V_2 - V_1}{D}$$
$$E_P = m\alpha D = e(V_2 - V_1)$$
$$E_K = \frac{1}{2}mv^2$$

●線型電子加速器

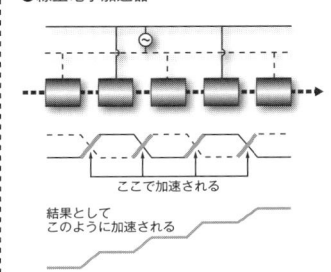

ここで加速される
結果としてこのように加速される

しかしこの方式には、大きなエネルギーを持つ粒子を得ようとすると、加速器の長さがどんどん長くなるという欠点があります。

●サイクロトロンにおける荷電粒子の運動

そこで、粒子の軌道を曲げてしまおうというのがサイクロトロンであり、主に電子以外の荷電粒子の加速に利用します（電荷：正電荷 q）。

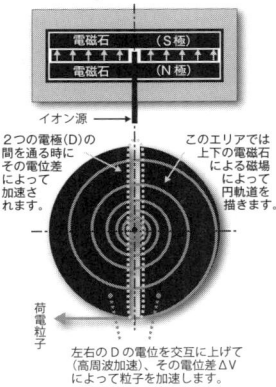

電磁石（S極）
電磁石（N極）
イオン源
2つの電極(D)の間を通る時にその電位差によって加速されます。
このエリアでは上下の電磁石による磁場によって円軌道を描きます。
荷電粒子
左右のDの電位を交互に上げて（高周波加速）、その電位差 ΔV によって粒子を加速します。

$$F = m\alpha = qE = q\frac{\Delta V}{D}$$
$$E_P = m\alpha D = q\Delta V$$

そうすると、1回転でDの間隙を2回通過します。n回転すると次のようにエネルギーが蓄積されます。

$$E_P = m\alpha D = q\Delta V$$
$$E_P^0 + 2q\Delta V = E_K^1$$
$$E_K^1 + 2q\Delta V = E_K^2$$
$$\vdots$$
$$E_K^n = E_P^0 + 2nq\Delta V = \frac{1}{2}mv^2$$

Dにおいては、荷電粒子は遠心力とローレンツ力がつり合う半径で円運動を行います。これがラセン運動のしくみです。

$$F_{CF} = m\frac{v^2}{r} = qvB \Rightarrow r = \frac{mv}{qB}$$

これもまたエネルギーが大きくなると、装置の大きさが巨大化します。今度は磁石を分割して加速します。これがシンクロトロンです。

205　第7章　電磁気の物理はどう使う？

3 リニアモーターカーのしくみ

● ついに走り出したリニア中央新幹線計画

　夢物語かと思われていたのではないでしょうか。最高時速500kmの超電導磁気浮上式リニアモーターカーによる中央新幹線の建設が2011年5月に決定しました。東京・名古屋間は2027年に開業予定で、東京・名古屋を40分で結びます。2045年には東京・大阪間を67分で結ぶ予定です。

　「リニアモーターカー」は「磁気浮上式鉄道」という意味であり、しくみは色々ありますが、簡単にいうと丸いモーターを平らに延ばしたものです。使用する電磁石の種類により超電

■ リニア中央新幹線の建設計画

夢物語かと思われていたのではないでしょうか。とりあえず東京と名古屋を結ぶリニア中央新幹線が、下図の黒枠の中に建設される予定です。

（出典：JR東海が（2011年6月7日に公表した計画段階環境配慮書、
http://jr-central.co.jp/news/release/nws000789.html）

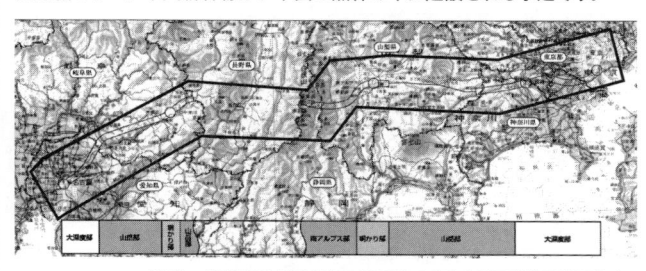

導型と常電導型とがあります。そのしくみを下図に示します。

2002年に浦東国際空港と上海市郊外を結んだリニアモーターカー（最高時速430km）や、2005年に開通した愛知高速交通東部丘陵線のリニアモーターカー（最高時速100km）は常電導型です。

●磁力で浮上し走行するしくみ

中央新幹線では、「地上一次式」と呼ばれるシステムを採用し、浮上・推進・案内などの車両走行制御はすべて地上側が引き受けます。

そのため、車両に搭載した超電導電磁石はいったん超電導状態となった後は電力供給が不要であり、車両の小型化、軽量化が容易です。

■ リニアモーターカーのしくみ

中央新幹線では、車両に搭載した1組の超電導電磁石と地上に敷設した常電動磁石との間の引力と斥力で、吸引浮上し、左右の案内を調整し、前進します。車上の電磁石はいったん超電導化した後、地上の電磁石の切り替えで前進します。

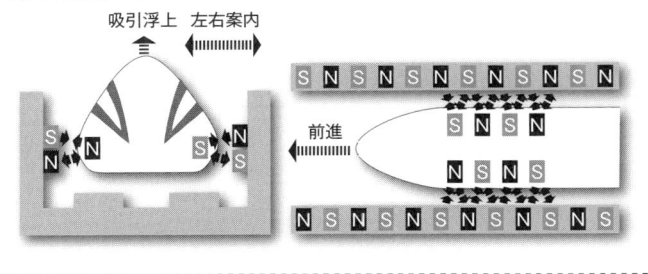

4 直流・交流の発電機のしくみ

●直流発電機のしくみ

電動機が発電機になるという話は聞いたことがあると思います。電動自転車やエコカーでは、電力を供給してモーターを回し、ブレーキをかけるとモーターが発電機に切り替わります。

直流発電機では、P197で解説したレンツの法則またはファラデーの法則を利用します。磁場の中でコイルを回転させた場合、磁場が大きくなると、コイル内にはその磁場を小さくする向きに電流が流れます。マクスウェルの第3式の先頭に「マイナス」がつくのはそのためです（P194参照）。その電流の向きは「フレミングの右手の法則」にしたがいます。この電力をコンデンサーなどで平滑化して直流電流を得ます。

●交流発電機のしくみ

現在、家庭や工場に送られてくる電気は「三相交流」という交流電力です。直流で

■ 直流発電機のしくみ

●誘導起電力
発電機のコイル内には、その磁場を小さくする向きに電流が流れます。

磁場の中で導線を上向きに動かすと、その導線に電流が流れます。これは、右に示すフレミングの右手の法則にしたがいます。

●フレミングの右手の法則

N極からS極に向かう磁場の中のコイルを図の向きに回転させると、フレミングの右手の法則にしたがい電流が右回りに流れます。半回転すると電流の向きが反転します。

整流子
ブラシ

── 回転
┈┈ 電流
── 磁場

ここでは →
紙面表から
裏に向かって
電流が流れます。

← ここでは
紙面裏から
表に向かって
電流が流れます。

磁場 :B

角度を左図のように
定義した場合の
磁場、電場、電流は
下図のようになります。

磁場 $B = B_0 \sin(\omega t)$　　電場 $-\dfrac{\partial B}{\partial t} = -B_0 \omega \cdot \cos(\omega t) = \nabla \times E$

電流

直流電流

磁場の中で導線を上向きに動かすと、その時間微分に比例した電場が生じ、これにともなって電流が発生します。
その電流を平滑化したのが直流電流です。

209　第7章　電磁気の物理はどう使う？

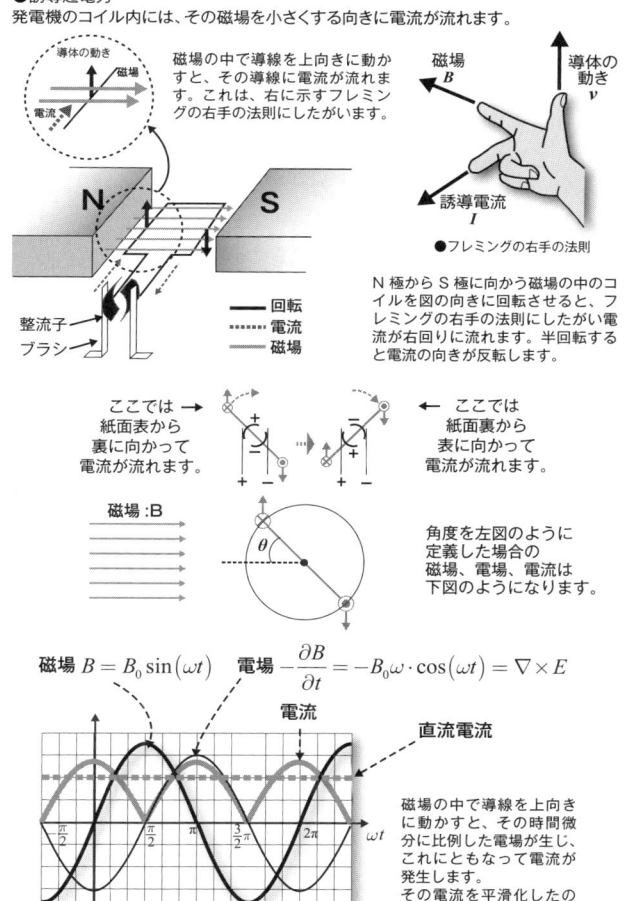

はなく代わりに交流を利用する理由は、交流送電は変圧が容易なためです。そうすると、最初から交流で発電した方が簡単でしょう。

直流送電の方が一般的には送電損失が小さいのですが、電力損失が小さい大電力で交流送電して、途中に変電所をはさみ、使用直前に柱上変圧器などで変圧する、というのが交流送電の考え方です。

これを使用する場合、大型のものは三相交流のまま使用しますが、大半の家電は「単相交流」を使用するので、住宅に入る前に三相交流を単相交流に変換します。また、テレビやコンピュータなどの電子機器の内部では直流電流を使用しています。

電球や電池を実用化したエジソンは直流送電が良いと主張し、交流発電機や電圧を変える変圧器を発明したファラデーは交流送電が良いと主張しました

■ **コイルを動かすか磁石を動かすか**

直流発電機では磁石を固定してコイルを回転しましたが、右図に示すとおり、コイルを動かそうが磁石を動かそうが磁場の強度さえ変えられればどちらでも発電できます。

交流発電機では一般的に、コイルではなく磁石を回転させます。

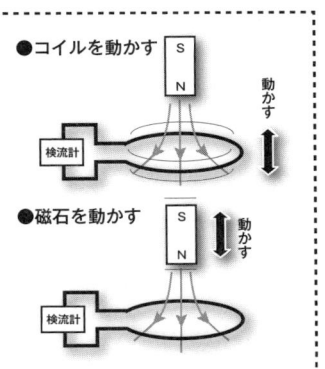

●コイルを動かす

●磁石を動かす

が、この議論はテスラとウェスティングハウス社による交流送電に軍配が上がり、以降は交流送電が主流です。

直流・単相・二相交流で送電する場合には1相あたり2本の送電線が必要ですが、三相交流を送電する場合には合計3本の送電線ですみます。これは、交流電力の位相を120度ずつずらしてあるからです。

■ 交流発電機のしくみ

●テスラの二相交流発電機

テスラが考案した「二相交流発電機」では、コイルを2組用いて2組の交流を取り出します。

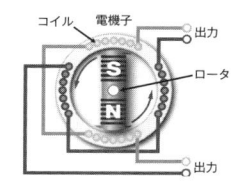

○二相交流発電機　　　　○二相交流の波形と位相のずれ

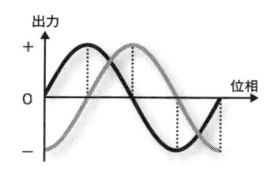

●三相交流発電機

発電所では一般に、三相発電機で発電します。

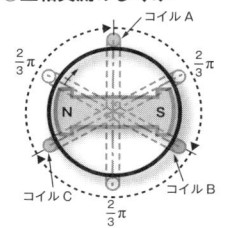

○三相交流のしくみ　　　○三相交流の波形と位相のずれ

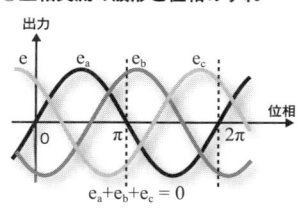

$e_a + e_b + e_c = 0$

フライホイール	105
振り子	120
…の運動とその微分方程式の解法	121
…の等時性	122
フレミングの左手の法則	198, 200
フレミングの右手の法則	198
分離角（ビリヤード）	86

■へ

平行軸の定理	98
べき級数展開	120
ベクトルの外積	113, 201
ベルヌーイの定理	184

■ほ

放物運動	42
放物線軌道	146
ポテンシャル	74
ポテンシャルエネルギー	61
ポルシェ911GT3R ハイブリッド	107

■ま

マクスウェルの方程式	194
マグニチュード	179
摩擦力	33
マス・ドライバー	204
マッハ	171

■み・め

見かけの力	16
ミリカンの実験	169
メトロノーム	124
…の1分当たりの周期数	127
…の周期	125
面積速度一定の法則	138
面に働く力	32

■も

モーター	200
モーメンタムホイール	109
モノポール	197

■や・よ

やじろべえ	73
ヤマト1（超伝導電磁推進船）	202
ヨットが風上に向かって進める理由	34

■ら

ライフルの弾道誤差	45
ラウドネスレベル	168
ラグランジュ点	150, 154
…の平衡点・安定点・不安定点	150, 153
…にある小惑星	158
…にある探査機・宇宙望遠鏡	158

■り

リアクションホイール	109
リサージュ図形	128
リニアモーターカー	206
量子重力理論	31
量子力学	28, 30

■れ・ろ

レールガン	202
レンツの法則	197, 208
ローレンツ因子	26
ローレンツ変換	26
ローレンツ力	194, 200
ロケット	88

■わ

惑星の軌道	146
…の極形式運動方程式	141, 143
惑星軌道と離心率	139

■ **参考書籍**

『中学・高校数学のほんとうの使い道』（京極一樹著、実業之日本社刊）
『宇宙と素粒子のしくみ』（京極一樹著、アスキーメディアワークス社近刊）
『こんなにわかってきた宇宙の姿』（京極一樹著、技術評論社刊）

■た

ダークマター	149
第1宇宙速度	50
第2宇宙速度	50, 76
第3宇宙速度	50
太陽系惑星の公転周期	148
太陽と地球のラグランジュ点	151
楕円軌道	146
楕円軌道の法則	138
縦波と横波	170
単磁極	197
単振動	116
単振動の運動方程式	119
単相交流	210

■ち

地球脱出速度	50
地球と月のラグランジュ点	150
中性子星	104
超音速	171
超伝導電磁推進船	202
調和の法則	138
直線運動の角運動量	112
直流発電機のしくみ	208
チリ地震	181

■つ・て

ツィオルコフスキー	90
ツィオルコフスキーの公式	91
津波	182
津波の速さ	187
デシベル	168
電荷	197
電磁場	194
電磁波の種類	162
電動機	200
電流	194
電力貯蔵	105

■と

動力学	17
特殊相対性理論	24, 28, 30
ドップラー効果	188
トルカー	109

■な・に・ね

波の3要素	166
波の種類	162
波の速度と波長と周波数	164
二次曲線	144, 146
ニュートンの法則	12
ニュートンのゆりかご	81
ニュートン力学	13, 140
音色	166

■は

パーセク	191
バイアスモーメンタム方式	110
バイクのバランス	36
媒質がある波と媒質がない波	162
ハイゼンベルグの不確定性原理	30
パスカル	167
はずみぐるま	105
発散と回転のベクトル	195
ハッブルの法則	191
バネの力による位置エネルギー	65
はやぶさ	108
反発係数	82
万有引力による位置エネルギー	65
万有引力のポテンシャル	74

■ひ

東日本大震災	181
光の周波数	169
光のドップラー効果	190
非慣性系	16
微積分	18
非弾性衝突	82
微分係数	18
微分方程式	18
表面張力波	185
表面波(地震波)	176
表面波(海波)	182
表面波の速度(深水波)	184
ビリヤードの力学	85

■ふ

ファラデーの法則	197, 208
フィギュアスケートのスピン	102
フォン	168

慣性系	15, 24
慣性の法則	12, 15, 22
慣性モーメント	94, 100
慣性力	15, 16, 22
完全弾性衝突	82
関東大震災	181

■き・く・け

銀河系の公転周期	148
クーロンポテンシャル	66, 74
ケプラーの法則	138
原子爆弾	78
原子力発電	78

■こ

光速度一定の原理	25
光速度不変の原理	24
剛体	
…の回転	98
…の静力学	95
…のつり合い	96
…の動力学	95
光電効果	169
交流発電機のしくみ	208
コリオリの力	23, 52, 153
コンコルド	172

■さ

サイクロトロン	204
作用・反作用の法則	12, 17
三軸姿勢制御方式	110
三相交流	208

■し

ジェットコースターが落下しない条件	70
磁界	200
磁気浮上式鉄道	206
地震波	176
姿勢制御系	108
実体振り子	124
質点	14
質点系の力学	80, 94
質点の力学	94
質量欠損	66
自転車が安定する理由	105

支点の周りの回転エネルギー	98
磁場	194
周期	116, 122, 124
重心に働く力	32
重心の周りの運動エネルギー	98
重力表面波	183
重力列車	132
周波数	128, 130
シュリーレン撮影法	174
衝撃波	172
初期微動	178
震央距離	177
震源距離	178
深水波	182
深水波の速度	184
震度	179

■す

彗星の軌道	146
垂直抗力	33
スピン姿勢制御方式	110
スペースクラフト	108
スペースコロニー	52
スペースシャトルの先端	174
スペースデブリ	49
スペースワープ	72

■せ

制限3体問題	151
静止衛星の周回速度	48
静止エネルギー	68, 78
静力学	17
整流子	202
赤方偏移	190
ゼロモーメンタム方式	109
線型電子加速器	205
浅水波	182
浅水波の速度	186

■そ

双曲線の軌道	146
相対性原理	24
相対性理論	30
ゾーン	168
疎密波	170

索引

■中学・高校の物理
科学的リテラシー　　　　　　　　136
高校理科の変遷　　　　　　　　　114
数学的リテラシー　　　　　　　　136
中学物理　　　　　　　　　　　　160
読解リテラシー　　　　　　　　　136
物理I・II　　　　　　　92, 160, 192
物理基礎・物理　　　　　　　　　192
ゆとり教育と週5日制　　　　　　 136
理科基礎・理科総合A・B　　　 56, 92

■英数字
2体問題　　　　　　　　　　　　150
3体問題　　　　　　　　　　150, 152
…の8の字解　　　　　　　　　　152
…の正三角形解　　　　　　　152, 157
…の直線解　　　　　　　　　　　154
dB　　　　　　　　　　　　　　168
n階の微分方程式　　　　　　　　 20
Pa　　　　　　　　　　　　　　167
P波　　　　　　　　　　　　　　176
SR-71　　　　　　　　　　　　　172
S波　　　　　　　　　　　　　　176
Tu-144S　　　　　　　　　　　　172

■あ
暗黒エネルギー　　　　　　　　　 31
暗黒物質　　　　　　　　　　31, 149
鞍点　　　　　　　　　　　　　　153
アンペールの法則　　　　　　　　198
アンペール力　　　　　　　　　　200

■い
位相速度　　　　　　　　　　　　168
位置エネルギー　　　　60, 63, 64, 82
一般相対性理論　　　　　　　 28, 31

■う
渦電流　　　　　　　　　　　　　198
宇宙機　　　　　　　　　　　　　108
宇宙ゴミ　　　　　　　　　　　　 49
宇宙ステーションの周回速度　　　 48

宇宙年齢　　　　　　　　　　　　191
運動エネルギー　　　　　　61, 63, 64
運動の法則　　　　　　　　　　　 12
運動方程式　　　　　　　　 12, 16, 17
運動量保存の法則　　　　　　 80, 88

■え
衛星の軌道　　　　　　　　　　　146
衛星・惑星などでの振り子の周期　123
液酸液水ロケットエンジン　　　　 90
エネルギー　　　　　　　　　　　 58
エネルギーの種類　　　　　　 66, 67
エネルギーの変換　　　　　　　　 67
エネルギーの保存則　　　　　　　 62
遠心力　　　　　　　　　　　16, 23
円制限3体問題　　　　　　　151, 154

■お
横転したジープ　　　　　　　　　 38
大森の公式　　　　　　　　　　　178
オシロスコープ　　　　　　　　　128
音の3要素　　　　　　　　　　　166
音の周波数　　　　　　　　　　　169
音のドップラー効果　　　　　　　188
音圧　　　　　　　　　　　　　　167
音圧レベル　　　　　　　　　　　168
音速　　　　　　　　　　　　　　164
音程　　　　　　　　　　　　　　166
音波　　　　　　　　　　　　　　170
音波の種類　　　　　　　　　　　162
音量　　　　　　　　　　　　　　166

■か
回帰　　　　　　　　　　　　　　146
回生エネルギー　　　　　　　　　 68
回生ブレーキ　　　　　　　　　　106
回転子　　　　　　　　　　　　　202
角運動量　　　　　　　　　　　　 94
角運動量保存の法則　　 102, 111, 145
角速度　　　　　　　　　　　94, 116
カチカチボール　　　　　　　　　 81
ガリレイ変換　　　　　　　　　　 26

著者

京極 一樹（きょうごく　かずき）
東京大学理学部物理学科卒。サラリーマンを経た後、理工学関係の実用書籍の編集や執筆を長年にわたって行ってきた。
読者がほしい情報や知識を、豊富な図解をまじえてわかりやすく解説することを信条とする。
主な著書として『こんなにわかってきた素粒子の世界』、『こんなにわかってきた宇宙の姿』、『だれにでもわかる素粒子物理』、『電池が一番わかる』（以上技術評論社）、『いまだから知りたい元素と周期表の世界』、『ちょっとわかればこんなに役立つ中学・高校数学のほんとうの使い道』（以上実業之日本社）など。

※本書は書き下ろしオリジナルです。

じっぴコンパクト新書　086

ちょっとわかればこんなに役に立つ 中学・高校物理のほんとうの使い道

2011年9月7日　初版第1刷発行

著　者	京極一樹
発行者	村山秀夫
発行所	実業之日本社

〒104-8233　東京都中央区銀座1-3-9
電話（編集）03-3535-3361
　　（販売）03-3535-4441
http://www.j-n.co.jp/

印刷所	大日本印刷
製本所	ブックアート

©Kazuki Kyogoku 2011　Printed in Japan
ISBN978-4-408-45351-4（趣味実用）
落丁・乱丁の場合は小社でお取り替えいたします。
実業之日本社のプライバシー・ポリシー（個人情報の取扱い）は、上記サイトをご覧ください。